话茶系列丛书

选茶有方 喝茶有道

XUANCHAYOUFANG HECHAYOUDAO

朱海燕 主编

TEA

江西科学技术出版社

图书在版编目（CIP）数据

选茶有方，喝茶有道 / 朱海燕主编．-- 南昌 ：江西科学技术出版社，2018.11
ISBN 978-7-5390-6480-2

Ⅰ．①选… Ⅱ．①朱… Ⅲ．①茶叶一基本知识 Ⅳ．①TS272.5

中国版本图书馆CIP数据核字（2018）第179794号

选题序号：KX2018024
图书代码：D18033-101
责任编辑：张旭 万圣丹 刘苏文

选茶有方，喝茶有道　　朱海燕 主编

摄影摄像	深圳市金版文化发展股份有限公司
封面设计	文琴
出　　版	江西科学技术出版社
社　　址	南昌市蓼洲街2号附1号 邮编：330009　电话：（0791）86623491　86639342（传真）
发　　行	全国新华书店
印　　刷	深圳市雅佳图印刷有限公司
开　　本	723mm×1020mm　1/16
字　　数	150千字
印　　张	10
版　　次	2018年11月第1版　2018年11月第1次印刷
书　　号	ISBN 978-7-5390-6480-2
定　　价	32.00元

赣版权登字：-03-2018-355

前言
PREFACE

中国是茶的故乡，茶在我国被誉为“国饮”。从神农以茶解毒开始，到利用好茶、钻研好茶，茶伴随着中华民族淌过了博大精深的文化历史长河，足足走过了四千多年的历史，一直发展至今，经久不衰。

关于茶，你了解多少？且不说那众多茶的品类——清新淡雅的绿茶，馥郁芬芳的红茶，凛冽醇香的青茶（乌龙茶），纯甜滑爽的黑茶，金镶玉美的黄茶，鲜醇高雅的白茶，香气四溢的花茶；单论茶的养生与保健功效，已足以让人沉醉其中——延缓衰老、防癌抗癌、消脂减肥、消炎止泻、养颜护肤……只是，要想让茶充分发挥这些神奇的功效，还需要你选对茶、喝对茶，因此《选茶有方，喝茶有道》一书由此应运而生。

本书从一片树叶的前世今生开始讲起，先带领读者探寻茶叶的起源，了解七大种茶叶的分类，在你的心中初步构建茶的知识轮廓；然后自然而然引入买茶经，无论是茶叶的鉴别、选购还是贮藏，这里都有详尽的介绍；了解了这些以后，接着，便是茶器的选配和泡茶了。好水妙器配佳方，才能闻得真茶香，其中的学问需要你细细去琢磨，并在实践中积累经验；接下来便是本书的落脚点——茶的品饮与养生了。我们选茶、喝茶，为的就是得到茶带给我们身体上和精神上的双重享受。

茶，汇集日之热烈，月之温润，山之灵秀，水之醇爽，在漫长的年月中，带给人宝贵的身体享受和精神财富。掌握选茶良方，正确品饮茶水，方能享受人生真谛。

目录 CONTENTS

第一章

漫步走进茶世界

中国，是茶的故乡，
也是茶文化的摇篮。
绿、红、青、黑、黄、白、花，
每一种茶，都有它的故事，
承载着茶叶的前世今生。

古老的东方茶饮

茶最初只是一片树叶，被我们的祖先发现、利用之后，便在漫长岁月中形成了几千年的悠悠茶史。作为古老的东方茶饮，它不仅给予我们身体的滋养、心灵的慰藉，更孕育出博大精深、源远流长的文化。

茶的起源

茶作为中国的传统饮品，被人们视如瑰宝，那茶是什么时候出现的呢？对此，有很多种说法，目前尚无统一定论，一般认为茶起源于神农时代。

早在古书《神农本草经》中就有这样的记载：“神农尝百草，一日遇七十二毒，得茶而解之。”神农是农业神，也就是传说中三皇之一的炎帝，他能让太阳发光，让天下雨，还教人们播种五谷。在远古时期，人们都是以采食野果、生吃动物为生的，这些东西很伤胃，如果吃了不该吃的东西，会使人中毒而亡。

据说神农为了给人治病，经常到深山野岭中去采集草药，而且还亲口尝试，体会、鉴别百草的药性。有一天，神农在采药中尝到了一种有毒的草，顿时感到口干舌麻、头晕目眩，于是他赶紧找到一棵大树，背靠着坐下，闭目休息。这时，一阵风吹来，树上落下几片绿油油的带着清香的叶子，神农随后拣了两片放在嘴里咀嚼，一股清香感油然而生，而且还能感觉舌底生津，精神振奋，刚才出现的不适也一扫而空。于是，神农好奇地再拾起几片叶子细细观察，他发现这种树叶的叶形、叶脉、叶缘都和一般的树木不同。于是他便采集了一些带回去细细研究，后来将它定名为“茶”，这就是最早发现茶的传说。

从食茶到饮茶的演变

茶从一片树叶到升级为“国饮”，有着漫长的演变过程。换句话说，茶并不是一开始就以饮品的方式出现在人们的生活中的。茶最先是由药用开始，因为人们发现了其有解渴、提神和治疗疾病的效果，便单独把茶煮成菜羹来食用，之后才慢慢发展为食用和饮用。

○ 药用

随着人们对茶认识的加深，茶的药用功效也随之被进一步发掘，茶的药性的发现是茶发展为饮品的重要条件。东汉至魏晋南北朝时期，有不少典籍描述了茶的药性。如东汉华佗《食经》中有“苦荼久食益意思”的记载，东汉增补《神农本草经》载：“茶味苦，饮之使人益思、少卧、轻身、明目。”南北朝任昉《述异记》载：“巴东有真香茗，煎服，令人不眠，能诵无忘。”这一系列有关古籍对茶的功用的描述表明，在秦汉时代，人们就已将注意力集中于茶的药用功能。

○ 食用

茶叶被当作食物来食用，在历代古书中曾多次提到，例如，《晏子春秋》记载：“晏之相齐，衣十升之布，脱粟之食，五卵、茗菜而已。”茗菜是用茶叶做成的菜羹，说明茶在那个时候是被当作菜食用的；东汉时壶居士在《食忌》上则说：“苦菜久食为化，与韭同食，令人体重。”这种茶“与韭同食”，也是以茶作菜；晋代时，用茶叶煮食之法，称之为“茗粥”或“茗菜”，后来发展成为熟吃当菜。居住在我国西南边境的基诺族至今仍保留着食用茶树青叶的习惯，而傣族、哈尼族、景颇族等则有把鲜叶加工成“竹筒茶”当菜吃的传统。

○ 饮用

明末著名学者顾炎武在《日知录》中说：“自秦人取蜀而后，始有茗饮之事。”秦人取蜀是在秦惠王后元九年（公元前316年）。也就是说，至少在战国中期，四川一带已经有饮茶的习俗。在西周至秦，中原地区饮茶的人还很少，茶主要用于祭祀、入菜和治病；到了西汉时期，茶才从羹饮逐渐演变成纯粹的饮品。

历代茶事

我国茶文化历史悠久，其发展过程大致可以概括为“发乎于神农，闻于鲁周公，兴于唐而盛于宋”，虽然朝代更迭，但历代茶事却流传至今，成为人们研究茶历史的重要依据。

○ 秦汉茶事

- 中国的茶，最初兴起于古时的巴蜀地区，秦汉统一全国后，茶饮逐渐传播开来，茶区也扩大至长江中游的荆楚之地，以及今广东、湖南和江西接壤的茶陵地区。
- 人们生活中的茶，更多的是利用其药用价值。
- 饮茶方式以煮饮法为主，即将新鲜的茶叶采摘下来，放在水中直接煮成羹汤来饮用。

○ 六朝茶事

- 随着地域之间沟通的加强，中国茶业的重心逐渐由西向东迁移，且茶业和茶文化在长江中下游地区得到较大的发展。
- 茶开始流行于以王室贵族为代表的上层社会，并成为文人墨客吟咏、赞颂和抒发情怀的对象。
- 煮饮法依然是主要的饮茶方式，但相比之前更讲究方法和技巧，与此同时饮茶的形态也变得多样，开始具有一定的礼仪、礼数和规矩。

○ 唐代茶事

- 饮茶不再只是贵族或者文人雅士等上层阶级的“特权”，逐渐普及到社会中下层。
- 茶叶生产得到了较大的发展，此时出现了关于茶叶的经济法规，例如：税茶、榷茶、贡茶、茶马互市等。
- 茶叶以团饼为主，也有少量粗茶和散茶。
- 茶艺不只有烹煮一种，还出现了煎茶，其主要程序有备茶、备水、煮水、调盐、投茶、育华、分茶、饮茶、洁器9个步骤。煎茶法兴盛于唐、宋，历时约500 年。

○ 宋朝茶事

- 宋代是历史上茶饮活动及茶文化最为兴盛的时期。
- 宫廷茶文化盛行，宫中设有茶事机关，赏赐茶饮成为表彰大臣的一种方式。
- 民间开始兴起“斗茶”风气。
- 相比之前，茶的品质要求更高，制茶的技术也更为精细、科学。
- 之前繁琐的煎茶法逐渐被点茶茶艺取代，点茶法主要包括备器、选水、取火、候汤和习茶 5 个环节。

○ 元明茶事

- 明代茶叶的加工方法和饮茶方式趋于简化，人们更加追求茶的“自然本性”。
- 过去传统的团饼改为散茶，茗茶的品类也日渐增多。
- 将茶放进茶壶中冲泡，然后分到茶杯中饮用的瀹茶法开始流行。
- 文人雅士开创了“焚香伴茗”的品茶方式，即在品茶时在室内焚上淡雅沉香，其目的是获得品茗佳境。

○ 清朝茶事

- 包含育苗移植、插枝繁殖、压条繁殖等在内的多种新型茶树种植和茶叶生产加工技术开始出现。
- 之前人们更喜欢“调饮法”，即在茶汤中加入糖、盐等调味品或者牛奶、蜂蜜、果酱、干果等配料，而到了清朝，“清饮法”更加流行，即茶中不加任何调料，只单纯饮茶汤。
- 普洱茶因受到宫廷和民间百姓的喜爱而流传甚广。
- 既能品茗饮茶兼饮食，还能听书赏戏的茶馆在清朝兴盛起来。

中国四大茶区

我国是茶的故乡，茶区分布广泛。根据地域气候、饮茶习俗、社会经济等因素的不同，可分为华南、西南、江南和江北四大茶区。

○ 华南茶区

华南茶区位于我国南部，包括福建东南部、广东中南部、广西南部、云南南部，以及海南、台湾地区。该茶区属于热带、亚热带的季风气候范围，土壤肥沃，适合许多大叶型（乔木型和小乔木型）茶树生长。本茶区主要产出青茶、红茶、绿茶。

华南茶区名茶

福建的茉莉花茶、铁观音、永春佛手；广东的凤凰水仙、英德红茶；广西的白毛茶、六堡茶；云南的白沙绿茶；台湾地区的冻顶乌龙、白毫乌龙等。

○ 西南茶区

此茶区属高原茶区，不仅种茶历史悠久，而且还是茶树的原产地。主要地区包括云南、贵州、重庆、四川以及湖南的西部、湖北的西南、广西的北部和西藏东南部。全区地形复杂、气候差异大、土壤种类繁多，茶树种类多为灌木型和小乔木型，部分地区有乔木型茶树。本茶区主要产黑茶、绿茶、红茶等。

西南茶区名茶

云南的普洱茶、滇红；四川的蒙顶甘露、峨眉竹叶青、蒙顶黄芽；重庆的沱茶、永川秀芽；贵州的湄潭翠芽、都匀毛尖、遵义毛峰；西藏的珠峰圣茶等。

○ 江南茶区

本茶区包括长江中下游以南的浙江、湖南、湖北、江西、江苏的南部、安徽的南部、福建的北部及上海地区等。全区多地处于低丘低山地带，土壤基本上为红壤，部分为黄壤。种植的茶树以灌木型中叶种和小叶种为主，有少部分小乔木型中叶和大叶种。本茶区还主要产绿茶、红茶、黄茶、黑茶。

江南茶区名茶

浙江省的龙井茶、安吉白茶；湖南省的君山银针、高桥银峰；湖北省的鄂南剑春；江西省的庐山云雾、婺源茗眉；江苏省的碧螺春、南京雨花茶；安徽省的黄山毛峰、太平猴魁；福建省的武夷岩茶、正山小种、白毫银针等。

○ 江北茶区

江北茶区位于长江以北，秦岭淮河以南，以及山东沂河以东部分地区，包括陕西、河南、安徽的北部、江苏的北部、甘肃的南部、山东等地区，是我国四大茶区中最北部的一个茶区。茶区的年平均气温为15 ~ 16℃，冬季的最低气温在-10 ℃左右。年降水量较少，且分布不匀，常使茶树受旱。受到这些因素的制约，茶树多为灌木型中叶种和小叶种。该茶区主要产出绿茶。

江北茶区名茶

江苏的花果山云雾茶；河南的信阳毛尖；安徽的霍山黄芽、舒城兰花、六安瓜片；山东的崂山绿茶；山西的午子仙毫、紫阳毛尖等。

认识绿茶

在我国茶类中，绿茶是产量最多的一类，属于不发酵茶。好的绿茶具有“清汤绿叶”的品质特点，且滋味鲜爽、回味无穷。

绿茶的分类

绿茶的分类方法有很多，例如：按产地划分、级别划分、外形划分等，常见的绿茶分类方法是按加工工艺划分。一般按照杀青和干燥方式的不同，可将绿茶分为以下四类：

○ 蒸青绿茶

绿茶初制时，采用热蒸汽杀青而制成的绿茶称为蒸青绿茶，具有叶绿、汤绿、叶底绿的“三绿”品质特征，但涩味较重，不及炒青绿茶那样鲜爽。

○ 炒青绿茶

经锅炒（手工锅炒或机械炒干机）杀青、干燥的绿茶称为炒青绿茶，其品质特征为“外形秀丽，香高味浓”，少数高档炒青绿茶有熟板栗香。

○ 烘青绿茶

在制茶的最后一道工序——干燥时，用炭火或烘干机烘干的绿茶称为烘青绿茶，其芽叶较为完整，汤色清澈明亮，滋味鲜纯，但香气不及炒青绿茶高。

○ 晒青绿茶

与烘青绿茶不同，晒青绿茶干燥时是用阳光直接晒干，这是较为古老且自然的干燥方法。其显著的特征就是有日晒的味道，属于绿茶中较为独特的品种。

绿茶的营养功效

绿茶中含有茶碱和咖啡因，能活化分解蛋白质肌醇、甘油三酯等物质，从而减

少人体内脂肪的堆积，达到排毒瘦身的效果；所含有的黄酮醇类物质能降低血液系统发生病变的概率，有效抑制心血管疾病；儿茶素、单宁酸等物质可以抑制细菌滋生，达到预防蛀牙的效果；绿茶中还含有大量抗氧化剂，有助于增强肌肤抵抗力，延缓衰老。

制茶方法

如果说鲜嫩的绿茶离不开阳光、水分的滋养，那成形的干茶则需要制茶匠人的精心制作，主要的制茶工艺包括杀青、揉捻、干燥几个步骤，容不得制茶人的丝毫懈怠，只有经过如此制作，最后才能让我们品饮到一杯上好的绿茶。

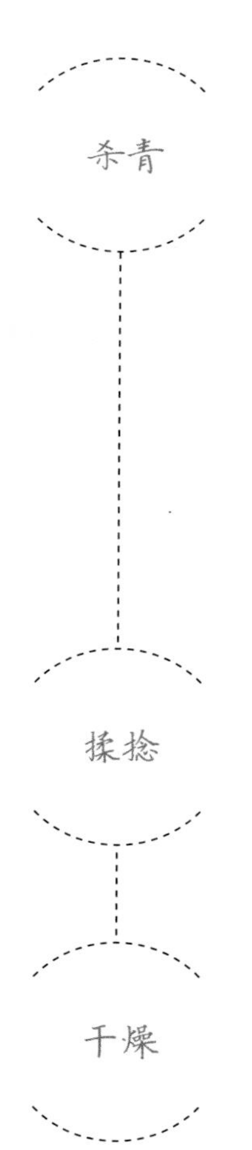

杀青是绿茶加工中关键的一步，杀青就是通过高温措施，散发茶叶中的水分，并把鲜叶和茶芽的活性酶破坏和钝化，这样少了活性酶，茶叶就不会异常变色，而且茶叶更软。但杀青的温度和时间要控制好，否则茶叶中的叶绿素破坏较多，导致叶色泛黄，甚至是出现焦边，同时还会带走茶叶的香气，导致绿茶品质的降低。

杀青分为手工杀青和机械杀青，个别高级名茶会采用手工杀青的方式，其他大部分绿茶都采用机械杀青，一般是滚筒杀青机杀青。待杀青机开启后，同时点燃炉火，炉桶受热均匀温度达到后，将鲜茶叶投放其中，再根据干茶的需要将其杀青即可。

揉捻其实就是为茶叶“塑形”的过程，茶叶经揉捻后体积变小，不同的形态也由此形成，从而为后面的茶叶干燥奠定基础，而且揉捻能适当破坏部分茶叶细胞，茶汁黏附于叶表，茶味更加浓郁。

茶叶经过揉捻后，需要将多余的水分蒸发掉，干燥完成的干茶便于运输和存储。绿茶的干燥方式有炒干、晒干和烘干，其中炒干、烘干较为常用，至此绿茶的制作工艺便结束了。

名优绿茶鉴赏

绿茶的品种多达数百种，被人们所熟知的名茶也有很多，例如：西湖龙井、洞庭碧螺春、黄山毛峰等，其品质特征各不相同，鉴赏要点也有差异。

西湖龙井

品质特征：干茶外形扁平、光滑挺直，色泽鲜绿，滋味鲜醇甘爽，茶香馥郁，汤底明亮。

名品产地：浙江省，涵盖西湖产区、钱塘产区等。

鉴别要点：色绿、香郁、味醇、形美。

洞庭碧螺春

品质特征：外形条索纤细，卷曲成螺，香气浓郁，有天然的花果香，滋味甘醇。

名品产地：苏州洞庭山及溧阳，此外贵州、福建也有生产。

鉴别要点：形美、色艳、香浓、味醇，白毫隐翠，外形卷曲。

黄山毛峰

品质特征：干茶外形似雀舌，色泽金黄，茶汤滋味鲜浓，回甘好，叶底嫩黄成朵。

名品产地：安徽省黄山市及周边地区。

鉴别要点：干茶色泽黄绿油润，匀条壮实。

六安瓜片

品质特征：单片外形呈瓜子形，冲泡后有果香散发且香味持久，茶汤滋味醇厚，回味甘甜，汤色碧绿。

名品产地：安徽省六安市。

鉴别要点：干茶是无芽无梗的单叶茶，由单片生叶制成。优质的六安瓜片，外形上长短相差无几，粗细匀整，色泽墨绿有白霜。

庐山云雾

品质特征：庐山云雾受庐山流泉飞瀑的滋润，形成了“味醇、色秀、香馨、液清”的独特品质，更因其具有条索清壮、清脆多毫、汤色明亮、茶香浓郁等特点而闻名于世。

名品产地：江西省九江市庐山 。

鉴别要点：干茶颜色介于黄绿和青绿之间，香气高长者为佳。

信阳毛尖

品质特征：信阳毛尖是河南省著名特产之一，其干茶具有细、圆、光、直而且白毫较多的特点，茶香味浓，茶汤色绿，是中国十大名茶之一。

名品产地：河南省大别山区的信阳市山区。

鉴别要点：上乘的信阳毛尖，香气高且气味正，几乎没有苦和涩味。干茶外形条索紧秀圆直，色泽匀整，碎末茶少。

认识红茶

红茶因干茶色泽和冲泡后的茶汤以红色为主而得名。总的来说，红茶清饮时口感清香醇厚，入口之后只觉茶汤“身骨”强劲而浓郁，喉间有久久不去的回味感。此外，红茶也可以调饮。

红茶的分类

红茶根据茶叶在茶树上的部分和成品茶叶的形状分为不同的规格：白毫、碎白毫、片茶、小种、茶粉；如果按照加工的方法和出品的茶形，一般分为以下四种：

○ 小种红茶

小种红茶起源于16世纪，是我国红茶的始源，主要产于福建省。按照产地和品质的不同，又分为正山小种和外山小种。18世纪中期，小种红茶逐渐演变为工夫红茶，到了19世纪80年代，逐渐在国际市场上占领了统治地位。

○ 工夫红茶

工夫红茶因制作工艺讲究、技术性强而得名。工夫红茶发酵时一定要等绿叶变成铜红色才能烘干，而且要烘出香甜浓郁的味道才算恰到好处。

○ 红碎茶

红碎茶是指在加工过程中，将鲜叶经加工后制作成颗粒状，与普通红茶的碎末不可混为一谈。近年来红碎茶的产量逐渐增多，品质也越来越好。

○ 调味茶

调味茶大多是在红茶中混入水果、花、香草等制成的一种饮品。

红茶的营养功效

红茶属于发酵茶，具有养胃的作用；红茶中的咖啡碱不仅能刺激大脑皮质层兴奋神经中枢，消除疲劳感，还能和芳香物质联合作用，增强肾脏的血流量，提高肾小球的滤过率，并抑制肾小管对水的再吸收，从而达到利尿的功效；红茶中的多酚类、糖类有刺激唾液分泌的作用，所以红茶也具有生津的功效。

制茶方法

与绿茶不同，红茶属于发酵茶，因此发酵是红茶制作过程中的重要工序，此外，红茶的制作工序还包括萎凋、揉捻、发酵、干燥等。

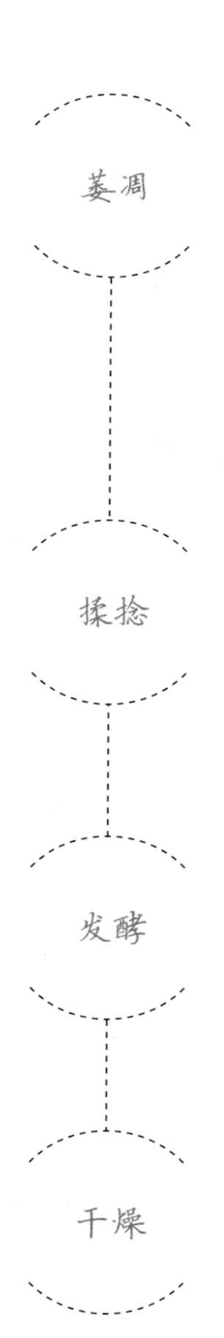

红茶的萎凋方式分为三种：日光萎凋、室内自然萎凋和萎凋槽萎凋。因日光萎凋受天气影响较大，为了保证茶叶品质，一般春茶季节才会采用，大约萎凋1小时左右，如果是阳光强烈或者下雨的时候，则不宜采用此种方式；室内自然萎凋对室内温度、湿度要求都比较高，且萎凋时间也比较长，所制出的茶叶产量较少，因此比较少见；相比前两种，萎凋槽萎凋由热气发生炉、通风机、槽体和盛叶框组成，具有结构简单、工作效率高、萎凋质量好的特点，是最为常用的方法。

将茶叶揉捻的过程，其实是卷叶成条、茶叶增香、为后期发酵创造条件的过程。揉捻茶叶时需要的空气湿度大约在85%～95%，温度以20～24℃较为适宜，具体的揉捻时间要根据茶树品种、揉捻机型号确定，通常情况下在60～90分钟不等。

发酵对红茶的制作尤为重要，通过此步骤红茶中的氧化酶活性增加，与多酚类物质发生反应，从而使红茶的叶子变为红色。发酵室的空气湿度要在95%以上，温度控制在22～25℃，具体的发酵时间，则由制茶匠人灵活掌握。

红茶一般要经过毛火和足火两次干燥，毛火干燥适度的茶叶柔软且有弹性，足火干燥后的茶叶则可以被搓成粉末，茶色加重，茶香也更为浓郁。

名优红茶鉴赏

在我国知名度较高的红茶有很多，例如：正山小种、祁门红茶、九曲红梅等，在市面上随处可见，茶客们要经过一番“火眼金睛”下的巧妙鉴赏，才能买到高品质的红茶。

正山小种

品质特征： 干茶条索紧结，色泽乌润并带有松烟香，茶汤红黄，滋味醇厚。

名品产地： 福建省武夷山星村桐木一带。

鉴别要点： 干茶有明显的松烟香，茶汤有桂圆甜香，且有金色环圈。

九曲红梅

品质特征： 外形弯曲紧致，乌黑油润，汤色鲜亮，滋味爽口，叶底嫩软。

名品产地： 浙江省杭州市西湖区周浦乡湖埠、上堡、大岭、张余、冯家等地。

鉴别要点： “七分红三分绿”是优质九曲红梅的鉴别要点。

祁门红茶

品质特征： 干茶条索紧细，峰苗秀丽，茶色乌黑，香气清新持久，茶汤滋味醇和鲜爽。

名品产地： 安徽省祁门地区。

鉴别要点： 采用细嫩茶芽制茶，花果香馥郁，口感甘甜鲜爽。

滇红工夫

品质特征：干茶紧结重实，色泽红褐且有金毫，其毫色按春季、夏季、秋季可分淡黄、菊黄、金黄3种，茶汤红艳明亮，香气高鲜，滋味浓厚而鲜爽。

名品产地：云南省凤庆、临沧等地。

鉴别要点：干茶条索紧直肥壮，金毫多而显露，色泽乌黑油润，汤色红浓透明，香气高醇持久。

宜兴红茶

品质特征：香气高锐持久，小酌满口生香，鲜香兼具。其干茶外形条索紧结，色泽乌润，茶汤红亮，叶底红润。

名品产地：江苏省宜兴市。

鉴别要点：品质较高的宜兴红茶，茶香是悠远的花果香，茶汤滋味鲜爽，回甘也恰到好处。

金骏眉

品质特征：金骏眉属于红茶中正山小种的分支。干茶条索紧结，圆而挺直，色泽黑黄相间，汤色金黄，且茶香清悠。

名品产地：福建省武夷山。

鉴别要点：优质的干茶有优雅细腻的花果香，且金色毫毛较多，冲泡后汤色红艳，碗壁与茶汤接触处有一圈金黄色的光圈，俗称“金圈”。

认识青茶

青茶又称为乌龙茶，是介于绿茶（不发酵）与红茶（全发酵）之间的半发酵茶，不同的青茶因发酵程度不同，滋味和香气也有所差异，但都具有花香浓郁、香气高长的特点。

青茶的分类

青茶从外形上区分，有条形、半球形和颗粒形；按产地区分，青茶又可以分为以下四种：

○ 闽北青茶

主要产于福建省北部的武夷山一带，建阳、南平、水吉等地区也有种植，闽北青茶大多发酵较重，代表名茶有肉桂、大红袍、水仙等，其中以大红袍最为有名。

○ 闽南青茶

主要产于福建省南部的安溪县、永春县、平和县等地区，此地的青茶发酵较轻，主要名茶有铁观音、黄金桂等，其制作严谨、技艺精巧，在国内外享有盛誉。

○ 广东青茶

广东青茶主要产于广东省东部凤凰山区一带及潮州、梅州等地，广东青茶的发酵程度要比闽北青茶的发酵程度低，所包含的主要名茶有水仙、单丛、色种等，其中凤凰单丛和岭头单丛生长环境优雅，制作考究，品质较好。

○ 台湾青茶

台湾青茶主要产于阿里山脉、南投县、花莲等地区，其发酵程度轻重不一，主要名茶包括文山包种、冻顶乌龙、阿里山乌龙等。

青茶的营养功效

青茶可以使人体内的维生素C保持在较高水平，维生素C具有增强人体抗衰老能力的作用，因此，饮用青茶可以抗衰老，同时青茶还具有降低血液黏稠度，增强血液流动性，改善体内微循环的作用。此外，如果进食了太过油腻的食物，也可以喝杯青茶，可以达到去油解腻的效果。

制茶方法

茶树经过自然的孕育，长出鲜嫩的茶叶，被采茶人采摘后，经过一番制作，最终为人们所饮用。整个过程看似平凡，其实蕴含了制茶匠人的诸多心血和智慧。青茶的制茶方法如下：

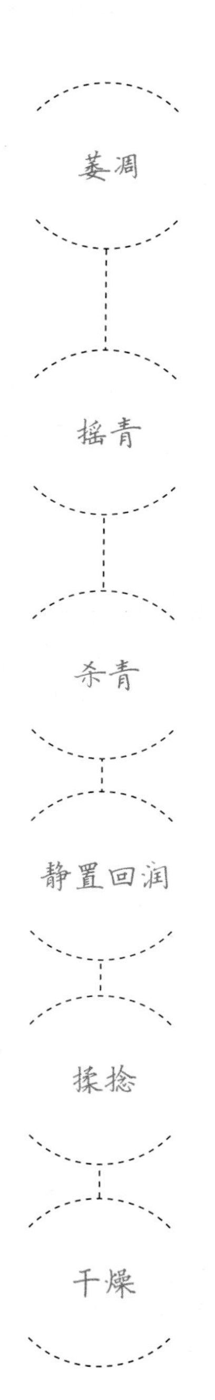

青茶属于半发酵茶，在制作过程中，萎凋和发酵几乎同时进行。鲜叶采摘后需要立即摊晒散热，以免茶青闷坏，此步骤称为室外萎凋，也叫作日光萎凋；之后将茶叶移至室内，静置、蒸发水分、翻动、再静置，直到茶叶达到理想干度。

将萎凋后的茶叶放进摇青机中摇动，茶叶相互碰撞、摩擦，有利于酶促氧化作用的进行，之后再将茶叶静置。在此过程中，茶酚酶类物质从茶叶中溢出，水分减少，茶叶边缘部位氧化较为强烈，于是就形成了青茶“绿叶红镶边”的特征。

在杀青机的帮助下，茶青能在短时间内达到适宜的温度，迅速破坏酵素的活性，有效控制氧化反应的进行，减少红梗红叶的出现，同时还能将茶叶中的青涩气味发散掉。

在进行揉捻之前，杀青后的茶叶需要用干净的湿布包裹，再放进谷斗中，这一工序对茶叶起到闷热静置的回润作用。

青茶的揉捻分为散揉和团揉，虽然具体手法有所不同，但都要注意揉捻力度，茶叶经过适度的揉捻，其条索才会紧结，力度太小不易成形，力度太大茶叶将被碾碎。

高温干燥青茶，可以将其中的残留酶的活性降低，彻底地抑制发酵反应的进行，而且水分也会被蒸干，茶叶的品质才能被固定。

名优青茶鉴赏

青茶因其具有很高的营养价值和药用价值，被人们所喜爱。但想要喝到高品质的青茶，就要广大茶客学会鉴赏青茶。

铁观音

品质特征：干茶外形紧结扭曲，色泽砂绿，汤色金黄，茶香分为清香和浓香，滋味醇厚甘鲜，叶底肥厚。

名品产地：福建省安溪县。

鉴别要点：优质铁观音的干茶呈颗粒状，有天然兰花香，耐冲泡，叶底青绿红。

大红袍

品质特征：干茶条索匀整壮实，绿褐鲜润，汤色橙黄清澈，茶香浓郁，茶汤滋味醇厚清甜。

名品产地：福建省武夷山。

鉴别要点：高档大红袍茶香清爽，且有阵阵花果香，茶汤以入口干爽顺滑为佳。

武夷肉桂

品质特征：条索紧结卷曲，色泽褐绿，有桂皮香气，滋味醇厚，汤色橙黄，叶底有红边。

名品产地：福建省武夷山。

鉴别要点：肉桂茶的香以辛锐持久的桂皮香为好，汤水醇厚浓郁。

凤凰单丛

品质特征：条索粗壮挺直，茶色黄褐，茶汤明亮，滋味浓醇鲜爽。

名品产地：潮州凤凰山东南坡为主要产地，潮州东北部地区也有出产。

鉴别要点：优质的凤凰单丛以干茶细长紧结，颜色乌润为佳，茶汤滋味具有独特的“山韵”，饮后齿颊留香。

冻顶乌龙

品质特征：干茶条索紧结卷曲，色泽呈墨绿色，汤底明亮黄绿，靠近鼻端轻嗅，茶香持久高远，叶底肥厚匀整。

名品产地：台湾省凤凰山支脉冻顶山。

鉴别要点：优质的冻顶乌龙条索弯曲，茶色深绿，并带有灰白点状的斑，干茶有浓郁的芳香气息，叶底有红边且中央呈淡绿色。

铁罗汉

品质特征：武夷岩铁罗汉既具有绿铁罗汉的清香，又具有红铁罗汉的甘醇，外形壮结匀整，色泽绿褐鲜润，茶汤橙黄，滋味甘鲜。

名品产地：福建省武夷山。

鉴别要点：选购铁罗汉时，宜选择条形匀整，色泽绿润，冲泡后叶底软亮、叶缘朱红、叶心淡绿带黄者。

认识黑茶

黑茶因其成品茶的外观呈黑色而得名，属于后发酵茶。在我国藏族、蒙古族等人民的日常生活中，茶是必需品，更有着“宁可三日无食，不可一日无茶”的说法。

黑茶的分类

我国黑茶主要产于云南、广西、湖南、湖北和四川等地，所以，一般可将黑茶按照产地的不同分为以下四类：

○ 云南黑茶

主要是指经后发酵的普洱茶。普洱茶以滇青散茶为原料，经过发酵、压制等制作工艺制成紧压茶，如饼茶、砖茶等，普洱茶是云南省的传统历史名茶。

○ 广西黑茶

主要指苍梧县六堡乡的六堡茶，以金花为佳，分为散茶和篓装紧压茶两种，主要销往两广、东南亚一带。

○ 湖南、湖北黑茶

湖南黑茶主要是指产于益阳一带的茯砖、黑砖等，“发花”（“花”指的是冠突散囊菌）是其主要的品质特征，主要销往新疆地区；湖北黑茶是指产于赤壁、咸宁等地区的老青砖茶，销往西北、内蒙古等地区。

○ 四川黑茶

四川黑茶也可以称为四川边茶，分为南路边茶和西路边茶，有金尖、方包等，主要销往西藏、青海地区。

黑茶的营养功效

黑茶中含有维生素、矿物质、氨基酸、糖类等物质，对饮食中缺少蔬菜和水果的西北地区居民来说，黑茶是满足人体所需矿物质和维生素的重要来源；黑茶中的咖啡碱、维生素等有助于调节人体脂肪代谢，提高胃液分泌量，从而达到增进食欲、促进消化的效果；黑茶中还富含茶多糖，具有降低血脂和血液中过氧化物活性的作用，所以，多喝黑茶可以降血脂、防治心血管疾病。

制茶方法

因为黑茶多数是以茶饼、茶砖的形式出现，所以制作工艺中会有压制这一过程，此外还包括杀青、初揉、渥堆、干燥等工序。

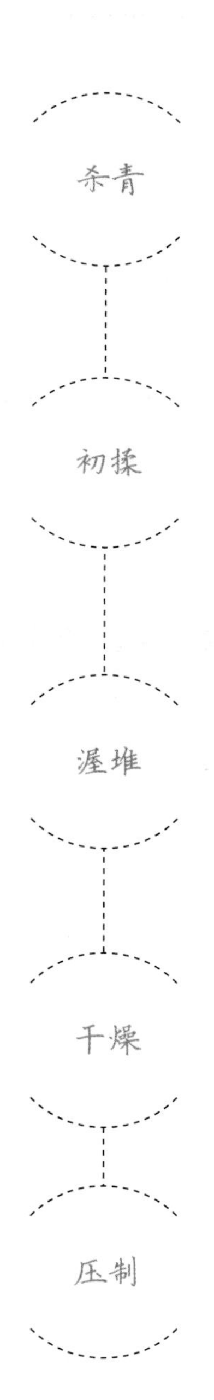

黑茶的鲜叶较为粗老，含水量也较少，在杀青前制茶匠人会先洒水，才能达到杀匀、杀透的目的。黑茶杀青分为手工杀青和机械杀青两种，手工杀青是由制茶匠人徒手进行；机械杀青与绿茶杀青相似，区别在于黑茶杀青先焖炒再透炒，交替进行，直至黑茶叶片变得柔软。

为了避免杀青出锅后的茶叶叶片再次变硬，需要将其放进揉捻机中进行初揉，制作过程中遵循“轻压、慢揉、短时”的原则，直至嫩芽卷成条，老叶出现褶皱，而且茶叶浸出的汁液附着在表面，飘出淡淡茶香。

渥堆的过程也是黑茶独特风味形成的过程。渥堆要在干净、无阳光直射的环境下进行，室温以25℃左右为宜，湿度大约在85%左右，将揉捻后的茶叶堆积起来，盖上湿布静置，直到茶坯表面有热气凝结成的水珠，茶叶由暗绿色变为黄褐色，且茶团易于打散，则说明渥堆程度适宜。

当灶火上的火温达到适宜温度，将第一层茶坯摊铺开，烘焙干燥至七八成干，再摊铺上第二层，厚度要稍微薄一些，照此摊放5～7层，等到最后一层茶叶也干至七八成时关火，之后上下层翻转，直到干燥完成。茶叶就会变得乌黑油亮，还具有松烟香味。

压制黑茶就是将初步制作完成的毛茶，通过加工、蒸压达到塑形的目的。少数民族同胞对压制成的砖茶、饼茶等，尤为偏爱。

名优黑茶鉴赏

被人们熟知的黑茶有普洱茶、千两茶等，如何进行鉴赏呢？其实，黑茶品质的优劣可以通过感官品味出来，真正的黑茶具有独特的香气，如果保存得当，黑茶会越陈越香。

宫廷普洱

品质特征：外形细紧匀称，色泽乌褐油润，茶汤红亮，滋味甘甜。

名品产地：云南省昆明市、西双版纳傣族自治州等地。

鉴别要点：采用芽头制茶，且为一芽两叶，金毫显露，较耐冲泡。

六堡茶

品质特征：干茶条索肥壮，汤色红浓明亮，香气陈醇，滋味浓厚回甘。

名品产地：广西苍梧县六堡乡为原产地，现在茶区扩大，梧州地区也有生产。

鉴别要点：外观无霉变，陈香干爽自然，口感醇厚顺滑。

千两茶

品质特征：干茶色泽乌黑，内部金花茂盛，陈香馥郁持久，汤色红黄，耐冲泡。

名品产地：湖南省益阳市等地。

鉴别要点：干茶呈圆柱形，压制紧密，无蜂窝巢状，发花茂盛。

青砖茶

品质特征：多以湖北老青茶作为原料，经压制后多呈长方砖形，棱角整齐，茶砖紧结平整，色泽青褐，滋味浓厚，汤色红黄明亮。

名品产地：湖北省咸宁地区的赤壁、咸宁、通山、崇阳、通城等县。

鉴别要点：砖面光滑，压印纹理清晰，存放得当的陈年青砖茶有浓郁纯正的陈香。

布朗生茶

品质特征：布朗生茶条索肥硕，色泽油润，轻嗅起来好像有浓重的麦香味，由鲜嫩的芽叶制成，茶微显毫，茶汤滋味清甜。

名品产地：云南省境内多地。

鉴别要点：在鉴别布朗生茶时，茶友可以对茶哈气，之后再闻茶所散发出来的味道，如有异味则不建议购买。

茯砖茶

品质特征：多数茯砖茶外形呈长方砖形，色泽黑褐油润，金花茂盛，茶香带有菌香气味，茶汤橙红透亮，滋味醇和浓厚。

名品产地：湖南省益阳市安化县。

鉴别要点：优质的茯砖茶采用叶片大、叶张肥厚的茶叶作为用料。茶友还可以通过包装进行鉴别，包括纸张材质、标签字样、商标等。

认识黄茶

黄茶是中国特产，属于轻发酵茶类，其品质特征为“黄叶黄汤”，制作工艺与绿茶有相似之处，不同的是在制茶过程中须加以闷黄。

黄茶的分类

黄茶的分类通常按照鲜叶采摘的老嫩程度和芽叶的大小区分，一般归结为黄大茶、黄小茶和黄芽茶。

○ 黄大茶

黄大茶是我国黄茶中产量最多的一类，例如：安徽省的霍山黄大茶、广东省的大叶青。黄茶对茶芽的采摘要求较为宽松，其鲜叶采摘要求大枝大杆，一般一芽三四叶或四五叶，长度为10～13厘米。

○ 黄小茶

黄小茶的代表有湖南的沩山毛尖、北港毛尖，湖北远安的鹿苑茶等。黄小茶对茶芽的要求与黄芽茶的茶芽要求一致，“细嫩、新鲜、匀齐、纯净”，要采摘较为小的芽叶进行加工，一芽一二叶，制成的成品茶条索细小。

○ 黄芽茶

黄芽茶一般要采摘鲜嫩、肥壮且于春季萌发的单芽加工制成，茶色黄绿且多白毫，茶香也很鲜醇。黄芽茶细分可分为银针和黄芽，银针以湖南省岳阳市的君山银针为佳品，黄芽则有四川省名山县的蒙顶黄芽、安徽省霍山县的霍山黄芽等。

黄茶的营养功效

黄茶在制作的过程中会产生大量的消化酶，对脾胃很有好处，当出现消化不良、食欲不振等情况时，可以喝上一杯黄茶；黄茶中富含茶多酚、氨基酸、可溶糖等物质，能满足身体对于营养素的需求；此外，黄茶鲜叶中保留着大量天然物质，这些物质对杀菌、消炎有特殊效果，是其他茶叶所不及的。

制茶方法

黄茶的制茶工艺分为杀青、闷黄和干燥。黄茶的杀青原理与绿茶的基本相同，只是温度要稍低一些，时间也会更长一点；闷黄是黄茶的特有工序，根据黄茶种类的差异，进行闷黄的先后也不同，最终目的都是要形成黄茶独特的色泽和茶香；最后一步是干燥，黄茶干燥时的温度要比其他茶类低，以确保黄茶的色泽金黄。

名优黄茶鉴赏

黄茶制造历史悠久，有不少名茶皆属于此类，例如：君山银针、蒙顶黄芽、霍山黄芽等，要想购买到货真价实的黄茶，还需要掌握一些有关黄茶的鉴赏知识。

君山银针

品质特征：茶芽挺直，布满白毫，形似银针，汤色黄亮，香气清郁，滋味甜醇。

名品产地：湖南省岳阳市君山岛。

鉴别要点：芽头肥壮匀齐，冲泡时芽尖冲向水面，然后徐徐下沉杯底，形如群笋出土。

蒙顶黄芽

品质特征：干茶外形扁平，色泽黄绿，茶汤黄亮，滋味甜香，叶底嫩黄匀齐。

名品产地：四川省雅安市蒙顶山。

鉴别要点：芽叶匀整多毫，没有叶柄、茶梗，茶汤黄亮且芽尖上有晶莹的气泡。

霍山黄芽

品质特征：外形条直微展，形似雀舌，芽叶多毫，茶香清鲜，滋味回甜，叶底黄亮嫩匀。

名品产地：安徽省霍山县一带。

鉴别要点：鲜叶细嫩，为一芽一二叶初展，干茶水分含量低，可轻捻成粉面，茶汤呈黄绿色。

北港毛尖

品质特征：外形芽壮叶肥，毫尖显露，茶香清高，汤色橙黄，滋味醇厚。

名品产地：湖南省岳阳市北港。

鉴别要点：条索明亮，茶色嫩绿或墨绿，入口干鲜、浓醇，叶底嫩黄者品质较好。

认识白茶

白茶是我国茶类中的特殊珍品，因其成品茶多为芽头，满披白毫如银似雪而得名。白茶属于微发酵茶，汤色黄绿清澈，滋味清淡回甘而备受人们的喜爱。

白茶的分类

和其他茶类一样，白茶的分类方法也有多种，一般按茶树品种、原料（鲜叶）采摘的标准不同，将白茶分为白芽茶和白叶茶两种。

○ 白芽茶

白芽茶多产自我国的福建省，其外形芽毫完整，满身披毫，制茶大多是采用肥壮的单芽，主要代表茶叶是白毫银针。

○ 白叶茶

白叶茶的特别之处在于其自身的特殊花蕾香气，典型代表有白牡丹、贡眉、寿眉等，其中采摘一芽一二叶为原料加工成白牡丹，以单页叶片为原料加工成贡眉、寿眉。

白茶的营养功效

白茶的药用功效较为明显，例如可以解毒、防暑，尤其是陈年的白茶可以用作麻疹患儿的退烧药，早在清代名人周亮工编写的《闽小记》中就曾记载："白毫银针，产太姥山鸿雪洞，其性寒，功同犀角，是治麻疹之圣药"。白茶中含有人体所必需的活性酶，长期饮用白茶可以提高体内的脂酶活性，加速脂肪分解代谢，控制胰岛素的分泌量，从而达到促进血糖平衡的功效；白茶中还含有丰富的维生素A原，被人体吸收后能迅速转化为维生素A，维生素A能合成视紫红质，让眼睛在暗光下看清东西，因而可以预防夜盲症与干眼症；白茶片富含二氢杨梅素，此种物质具有保肝护肝的作用，能降低乙醇对肝脏的损伤，故饮用白茶可以解酒醒酒。

制茶方法

相较于其他茶类，白茶的制作流程较为简单，分为萎凋和干燥两步。萎凋的方式又分为自然萎凋、复式萎凋和加温萎凋三种，以适应不同种类的白茶需要。萎凋是白茶色泽形成的关键步骤，所以制茶匠人尤为重视。接下来是干燥，目的是为了去除茶叶中多余的水分和苦涩味，使白茶茶香高远，茶味醇厚。

名优白茶鉴赏

白茶因其所特有的药用功效，不仅受到很多茶客的喜爱，而且也成为馈赠亲友的佳品。掌握名优白茶的鉴赏要点，可以让你更轻松地买到真正的名优白茶。

白毫银针

品质特征：干茶外形似针，色白如银，香气清高，滋味鲜爽，汤色浅杏黄。

名品产地：福建省福鼎、政和一带。

鉴别要点：单芽上披满白毫，有光泽，冲泡后茶叶悬空竖立，然后下沉杯底。

白牡丹

品质特征：干茶外形肥壮，芽叶相连，味清醇甘甜，汤色杏黄，果香浓郁。

名品产地：福建省南平市政和县、松溪县及福鼎市。

鉴别要点：毫香浓显，果香持久，茶绿叶夹银白毫芽，冲泡后如花瓣初展的白牡丹。

贡眉

品质特征：外形形似扁眉，色泽翠绿，香气清鲜，滋味醇爽，叶底匀整。

名品产地：福建省南平市建阳区。

鉴别要点：毫心多而肥壮，冲泡后玉白透明，形似兰花，叶底色泽黄绿，柔软匀亮。

福鼎白茶

品质特征：干茶分支浓密，茶色铁青透翠，香气醇正，回味甘甜，叶底浅灰薄嫩。

名品产地：福建省宁德市福鼎市。

鉴别要点：茶叶外观铁青透翠，品质好的福鼎白茶有阵阵幽香，且香气清纯。

认识花茶

花茶，又称为“香片”，主要是以绿茶、红茶或者乌龙茶作为茶坯，配以能够吐香的鲜花制作而成，既有茶之滋味，也有花之芬芳，深受广大茶友的喜爱。

花茶的分类

市面上销售的花茶有很多，例如：茉莉花茶、玫瑰花茶、菊花茶等，人们可以根据不同的口味和需求来选购。说到花茶的分类，大体上可以分为以下两种：

○ 窨制花茶

茶叶和香花进行拼和窨制，使茶叶吸收花香而制成的香茶，称为窨制花茶，亦称窨花茶。主要产区有福建的福州、浙江的金华等地。花茶因窨制材料的不同可分为茉莉花茶、珠兰花茶等。

○ 花草茶

花草茶指的是将植物的根、茎、叶、花或皮等部分加以煎煮或冲泡，从而产生芳香味道的草本饮料。常见的花草茶有玫瑰花茶、洛神花茶、菊花茶等。

花茶的营养功效

茶香与花香混合在一起，闻起来使人精神愉悦，喝起来使人神清气爽，同时还具有许多保健功效。例如：玫瑰花茶可以理气解郁、活血散瘀；百合茶可以润肺止咳、宁心安神；金盏花茶能发汗、利尿、清湿热等。

制茶方法

窨制花茶是将制好的茶坯和具有浓郁香气的鲜花，经过窨制、干燥和冷却的工序精制而成，制作技巧得当，花茶才能称得上是佳品。

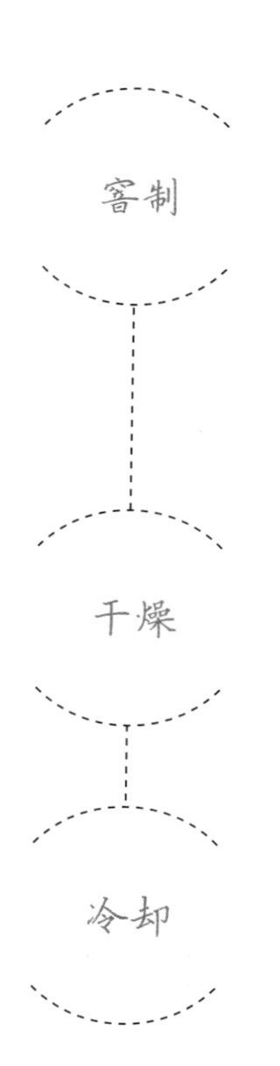

窨制在花茶的制作工艺中占据着重要位置，其主要目的就是让精制的茶坯与鲜花混合，使之充分吸收花的香气。制茶匠人为了将两者达到比较好的吸香和吐香状态，会对茶坯的含水量进行控制，在窨制期间制茶匠人会时常翻拌茶堆，降低内部温度，空气流通性也能得到增强。等到花朵萎缩，茶坯柔软，窨制就基本完成。

在窨制的过程中，鲜花的水分也会被茶坯吸收，为了保证茶叶质量，预防霉变，此时还需要进行干燥处理，具体的处理方法和其他茶类的干燥方法类似。

将干燥好的花茶摊开，待其自然冷却，花茶的主要制作工艺就完成了。

名优花茶鉴赏

花茶既有花的芳香，又有茶的滋味，当面对种类众多的花茶时，如何挑选出适合自己的那一款，也有很多讲究。

茉莉花茶

品质特征：条索紧细、匀整，色泽黑褐，茶汤黄绿，香气持久，滋味留香。

名品产地：福建福州、宁德和江苏苏州等地。

鉴别要点：所选茶坯以嫩芽者为佳，条形饱满，芽毫显露，花香浓郁纯正。

珠兰花茶

品质特征：外形光滑匀整，茶色深绿，茶香馥郁，滋味浓醇。

名品产地：福建省福州市。

鉴别要点：干茶挺直尖削，色泽油润，茶汤清澈黄亮，花香清鲜，叶底肥壮。

第二章

精挑细选买茶经

无论是好茶或次茶，
新茶或陈茶，
真茶或假茶，
亦或是春茶、夏茶、秋茶。
精挑细选、反复鉴别、小心贮藏，
尽在本章的“火眼金睛”买茶经中。

买茶前需要知道的茶识

对于很多老茶友来说，买到一份好茶，可能不是什么难事，但对于很多新入门的茶友来说，不知道买茶需要注意什么，也不知道买什么茶，更害怕买到劣质茶。以下一些茶识可能会对想买茶的朋友有所帮助。

弄清买茶的终极要求

买茶的终极要求就是适合自己。不同的茶叶有着不同的特点，甄选好茶，是一门学问。所谓“茶有千味，适口者珍”，不论专家是何种意见，友人们有何建议，都只是一种参考，买茶重要的是适合自己，这主要体现在两个方面。

○ 适合自己的口味

现在市面上出售的茶种类繁多，各专家、学者关于茶的种类的评价也不一，个人关于茶的好坏的品评也不同，无论参考何种说法，选择自己喜欢的、符合自己口味的茶，才是自己需要的。比如，口味比较淡的人买了黑茶来喝，多少会有点不习惯它浓烈而独特的口感。

六大茶类的口味特点如下：

- 绿茶是不发酵茶，滋味鲜爽，香气清扬。
- 红茶是全发酵茶，口感温润醇厚，有明显的花果香、蜜香或独特的桂圆香、松烟香。
- 青茶属于半发酵茶，滋味醇厚，香气馥郁。
- 白茶滋味鲜爽、醇厚，回甘，清甜，香气纯正。
- 黄茶滋味甜爽，香气纯正。
- 黑茶滋味醇厚回甘，有独特的陈香，香气馥郁悠长。

有些人可能起初不知道自己喜欢喝什么茶，或拿不定主意，可以各种茶类都尝试一下。一般茶叶店都有免费供顾客冲泡的茶样，可以试喝，细细品味，挑选自己心仪的口味。

○ 适合自己的体质

喝茶要选适合自己体质的茶。根据中医的说法，人的体质有热、寒之别，不同的茶也有不同的特性，比如绿茶偏凉、红茶性温，因而体质不同的人饮茶也有区别。总体来讲，热性体质的人要多喝偏凉的茶，寒性体质则要多喝温性茶。如果把握不准，可以咨询医生等专业人士的意见。

- 一般体质偏热、胃火旺、容易便秘的人适宜喝凉性的绿茶。
- 青茶较为平和，肠胃功能不佳、经常消化不良的人和正常体质、精力充沛、脸色红润的人都可以多喝。
- 体寒、平素身体较虚的人适宜喝性温的红茶。
- 气郁体质的人多愁善感、郁郁寡欢，适合喝一些清淡的绿茶、黄茶、白茶、花茶以及轻发酵的青茶。
- 体型偏胖或需要减肥、腹部松弛的人群各种茶类都适合喝，而且可以喝得浓一些。

另外，不同的人群也要喝不同的茶。青少年喝茶，首选绿茶、花茶等；经期前后以及更年期女性可以喝些花茶，如玫瑰花茶、茉莉花茶等；经常接触有毒物质的人，适合喝绿茶；孕妇和儿童则可根据身体情况适量饮用较清淡的茶。

一年之中四季变化，人的生理状态也会随之变化，因此，不同的季节应根据身体状态的不同，选择品饮不同品种的茶。比如春季万物生发，人体也和大自然一样处于舒畅发放之际，这时以饮香郁的花茶为好，可以驱散入冬以来积聚在人体内的寒气，促使人体阳气生发。

当然，喝茶本身是一件雅事，能让人感觉放松和舒适便可，无须太过较真。

新手如何选购茶叶

没有买茶经验的人，怎样才能挑选到适合自己的茶呢？在购茶前，应事先了解一下各大茶类大致的特点，比如色泽、口感、香气等，做到心中有数，这样在购买的时候会更游刃有余。另外，劣质茶通常有颜色不自然，或有烟气味、焦气味、霉味等异味，或含有杂物、茶汤浑浊不清，以及冲泡后茶汤滋味苦涩等特点，也应事先了解一二。

实际选购茶叶时可以试试下面这个简单易行的方法：

Step 1 → 取适量茶叶进行冲泡。

Step 2 → 喝上几杯，约5～10分钟，细细品尝茶汤是否合自己的口味。

Step 3 → 取一支汤匙，盛出茶汤，看茶汤色泽。

Step 4 → 闻茶汤香气，好茶即使茶汤冷却，香气也依然存在。

注意冲泡时少投茶叶、多冲水、长浸泡，这样茶叶的优缺点才会充分呈现。如果冲泡后的茶汤香气高昂饱满、滋味醇厚、不苦涩、回甘好，适合自己的口味，并且价格也合适，就说明值得购买。

买茶先要看外形

有的人买茶有一个误区，认为茶叶冲泡后好喝是最重要的，外形怎样无所谓，也就是只重视茶汤的口感，而忽视茶叶的外形。茶的滋味当然重要，但茶叶的外形与茶汤的滋味有着密切的关系，是购茶时不能忽视的因素。条索明亮，大小、粗细、长短均匀的茶叶通常品质较好，泡出的茶汤清澈明亮；如果茶叶条索松散、外形不整，有较多的茶梗、茶角、茶末等杂质，泡出的茶汤多半颜色暗淡、比较浑浊，滋味也好不到哪去。

既然茶的外形和茶汤滋味有这么大的关联，而且选购茶叶的时候，最一目了然的就是茶叶的外形，那么大家买茶的时候不妨先看茶叶的外形，不要只关注茶汤的滋味。当然选购茶叶时需要考虑的因素很多，除了外形之外，茶叶的色泽、香气、滋味都是鉴别茶叶好坏需要考虑的，我们将在后面的内容中详细介绍。

巧用闻香来识茶

茶香的鉴别一般有“三闻”：一是闻干茶的香气——干闻；二是闻泡开后充分显示出来的茶的本香——热闻；三是闻茶香的持久性——冷闻。一般来说，好茶的茶香浓郁，“三闻”都能感受到明显的茶香。

○ 干闻

干闻是指细闻干茶的香气。可以用茶则取少量茶叶放在鼻端嗅闻，闻干茶香气的高低和香型，辨别是否具有特定品种该有的香气，以及有无陈味、霉味、烟焦味、酸味或吸附了其他异味。

○ 热闻

热闻即冲泡茶叶之后趁热闻茶香气。嗅香气时以一手握杯，靠近杯沿用鼻趁热轻嗅或深嗅杯中发出的香气。为了正确判断茶叶香气的高低、长短、强弱、清浊及纯杂等，嗅时应重复一两次，但每次嗅时不宜过久，以免因嗅觉疲劳而失去灵敏感，一般时间为3秒左右。过程为：吸（1秒）——停（0.5秒）——吸（1秒），依照这样的方法嗅出的茶香为“高温香”。

不同的茶叶具有各自不同的香气，茶汤会出现板栗香、果香、花香、陈香等香型。质量好的茶叶茶汤香味纯正，沁人心脾。如果茶叶香味淡薄或根本没有香味，甚至有异味，就不是好茶了。

○ 冷闻

倒出茶汤后，当叶底温度接近室温时嗅闻茶叶香气的过程，称为冷闻。此时闻到的香气与高温时不同。因为温度很高时，茶叶中的某些独特的味道可能被芳香物质大量挥发而掩盖，而冷闻时，由于温度较低，曾经被掩盖的味道会逐渐散发出来。

冷闻有两种方法，一是闻杯盖上的留香，二是用闻香杯慢慢地细闻杯底留香。若冷闻时茶叶有较高的香气，说明其茶香高持久，品质好，春季的高山茶和多窨次的花茶常有此特点。

茶叶的品质与价格没有必然联系

买过茶的人可能都有这样的体会：茶叶都没有统一的价格，同样的茶叶在不同的店价格存在差别，很难从价格来判断茶叶质量的好坏。有的消费者不具备鉴别茶叶品质的能力，面对价格不一的茶叶时，往往下意识地认为贵的比较好，真的是这样吗？

其实，茶叶品质的好坏与价格并没有必然的联系。一般情况下，对于同一种茶叶，价格越贵的，品质自然越好，反之亦然。但是，茶叶品质的鉴定要考虑茶叶的颜色、形状、嫩度、净度、汤色、香气、滋味和叶底等多个方面，这也就意味着确定茶叶品质需要对这些方面进行品评，而这本身就很难有量化的标准。因此，即使价格能反映茶叶品质，因茶叶品质本身没有统一的定性标准，也会存在一定的价格差异。影响茶叶价格的，除了品质因素之外，还有其他诸多因素。

○ 经销环节

茶叶从生产到销售要经过很多环节，茶叶流通到每个中间商那里，中间商都要赚取一定的利润，相应的流通成本也就提高了，不同的茶叶流通渠道不同，茶叶价格差异在所难免。

○ 市场供求

每年茶叶价格总体受市场供求关系的影响，比如近年来兴起的“普洱热”，让普洱茶的价格一路走高。

○ 品牌因素

众所周知，品牌具有溢价作用，买知名品牌的茶所花的钱会比普通品牌的茶要多。

总而言之，影响茶叶价格的因素很多，价格只能反映茶叶品质的一部分，我们不能完全依据茶叶价格的高低来评判茶叶品质的优劣。茶叶品质的优劣最终要靠感官来检验，从色、香、味、形四个方面来鉴别。单纯用价格来衡量茶叶品质，在现阶段的茶叶市场肯定是不合适的。

不要过分迷信明前茶

明前茶是对江南茶区清明节前采摘制作的春茶的称呼。自古以来，明前茶就以内含物质丰富、品质优质而著称，因此有很多人迷信明前茶，使得明前茶的价格一直较高。明前茶多指头春茶，一般来说，明前茶的品质理应上好，但这并不意味着清明前采摘的茶叶均是品质最高的茶叶。这是为什么呢？

1

在很多高海拔的茶区，因天气寒冷，茶树生长比海拔较低的地区缓慢，不少茶叶在清明前芽头都还没有冒出来，要等到清明后才能采摘，但这些茶叶的品质也非常好。

2

清明前采摘的茶叶虽然经过一个冬天的休养生息，茶叶内含有的物质比较丰富，但这只是影响茶叶品质的一个方面，如果没有配合好的制作工艺，加工出来的茶叶也不一定是上好的茶叶。

事实上，明前茶主要是针对江南茶区的绿茶及少数红茶而言的，对于一些青茶、黑茶等，不存在明前茶的说法。比如许多青茶就以夏茶为优，因为夏季气温高，茶芽生长得比较肥大，白毫浓厚，茶叶中所含的儿茶素也较多。总之，不同的时节，茶叶有着不同的特质，因茶而异。

由于许多消费者盲目追捧明前茶，一些无良商家趁机以次充好，用低档茶来冒充明前茶销售，一味追求明前茶就很可能会买到假冒伪劣茶。因此，消费者不要一味迷信明前茶，而要“因茶制宜”，选择适合自己的茶叶。

如何购买旅途中的当地茶

所谓名山出名茶，许多人外出游玩，游览风景名胜时，总避免不了购买当地茶叶作为土特产带回家。那么在旅途中购买当地茶需要注意什么呢？

1

尽量不要购买导游推荐的茶叶。因为他很可能是因为能从商家获得回扣而推荐，这些茶叶大多品质不好，并且价格虚高，因为商家不需要“回头客”，主要是为了一次性的盈利，品质上的把关自然不严。另外，如果是现场炒制的茶叶，一般包装的密封性都不会太好，茶叶保存不了多久就会变质。

2

不要购买来路不明的茶叶，如路边摊上的茶叶和挑担茶，这些茶叶多是“三无”茶叶，品质没有保障，如果茶叶被污染了，凭肉眼是看不出来的。

如果实在想要买一些当地茶带回去送亲友，建议到当地正规的商场或超市购买包装完好的，并且带有生产许可标志的茶叶，品质才有保障。如果可以议价的话，还可以跟老板砍砍价，谈个双方都称心如意的价格。

买茶要留意相关标识

茶叶属于特殊的食品，外包装上必须有QS（生产许可）标识。另外，经过国家食品认证机构认证的茶叶，外包装上还可能有绿色食品标识和有机食品（茶）标识。

除了上述标识之外，在购买茶叶的时候，还要留意外包装上的地理标志。在我国，许多茶叶都申请了原产地保护，如西湖龙井、黄山毛峰、安溪铁观音、霍山黄芽、祁门红茶等。原产地茶的品质更有保障，非原产地茶叶的品质、口感、滋味等各方面都会差一些。因此购买名茶时要注意查看外包装上有没有地理标志，以避免买到冒牌的劣等茶。

避开“三无”茶叶

市场上销售的有些茶，外包装看上去“高大上”，却连茶叶生产厂家等基本信息都没有，明显是“三无”茶叶，存在极大的安全隐患。

茶友们在购买茶叶时，一定要注意查看茶叶外包装上有无生产日期、质量检验合格证明以及生产厂名和厂址。必要时，可要求店家提供产地证明、产品质量检测报告等文件。另外一定要通过正规销售渠道购买，不要买来路不明的茶叶，这样才能尽可能避免买到“三无”茶叶。

近年来，随着网购的如火如荼，有不少人选择从网络上购买茶叶。网络上的茶叶选择种类多，价钱也便宜，吸引了不少消费者购买。但消费者购买时一定要谨慎，询问清楚与茶叶质量相关的信息，弄清楚价格，如果店家无法提供相关信息，或价格与市面上同等品质的茶叶价格相差太大，则要小心是“三无”茶叶或劣等茶。

茶叶的鉴别与选购

选好茶叶是泡好茶的基础，而很多人由于对茶叶的鉴别与选购不是很了解，在购买的时候就犯难了。了解好茶在浸泡之前及之后的形、色、香、味等特点，有利于大家在购买时甄选好茶。

鉴茶四要素

学会鉴别茶叶的优劣是选购茶叶必不可少的基础，一般而言，好茶在视觉、嗅觉、触觉和味觉方面给人的感受比普通茶叶要好很多，因此鉴别茶叶需要从茶的不同方面考虑，总体来说，可以从外形、色泽、香气、滋味这四个要素入手。

○ 外形

选购茶叶，首先要看其外形如何。茶的外形即茶叶的形状，主要由茶树品种、采摘嫩度、加工工艺等决定。

嫩度

嫩度是决定茶叶品质的基本因素，我们可以从茶叶有无锋苗去鉴别。如果茶叶锋苗好，白毫显露，则说明嫩度高，做工也好；如果原料嫩度差，做工再好，茶条也无锋苗和白毫。这种判断依据适合于鉴别毛峰、毛尖、银针等茸毛类茶。

条索

长条形茶，看松紧、弯直、壮瘦、圆扁、轻重；圆形茶，看颗粒的松紧、匀正、轻重、空实；扁形茶，看平整、光滑程度等是否符合规格。一般来说，条索紧、身骨重、圆而挺直（扁形茶除外），说明原料嫩，做工好，品质优。如果条索松散、颗粒松泡、身骨轻飘，就算不上好茶了。

整碎

整碎是指茶叶的断碎程度，以外形匀整为好，断碎则次一些。可以将茶叶放在盘中，使茶叶在旋转力的作用下，依形状大小、轻重、粗细、整碎形成有次序的分层。其中，粗壮的在最上层，紧细、重实的集中于中层，断碎、细小的沉积在最下层。各茶类都以中层茶多为好。

净度

好茶应当整齐匀净，不含任何夹杂物，包括茶梗、茶片、茶末及加工过程中混入的泥沙、木屑、竹屑等物质。判断茶叶的净度不是很难，只要抓取茶叶看看里面是否含有杂质就可以了。

除了观察以上方面，还要注意查看茶叶的形状。“茶有千万状”，不同种类的茶叶有各种不同的形状，或似花，或似茅，或似碗钉，或似针，或似珠，或似眉，或似片，或似螺，或似砖，或似饼，千姿百态，丰富多彩。名优茶有各自独特的外形特征，如西湖龙井形似碗钉，扁平光滑、尖削挺透；洞庭碧螺春茶条卷曲如螺；平水珠茶滚圆细紧重实，状似珍珠；六安瓜片叶缘略向叶背翻卷，状似瓜子。如果能够谨记各类名茶的外形特点，相信鉴别茶叶的优劣也不是难事。

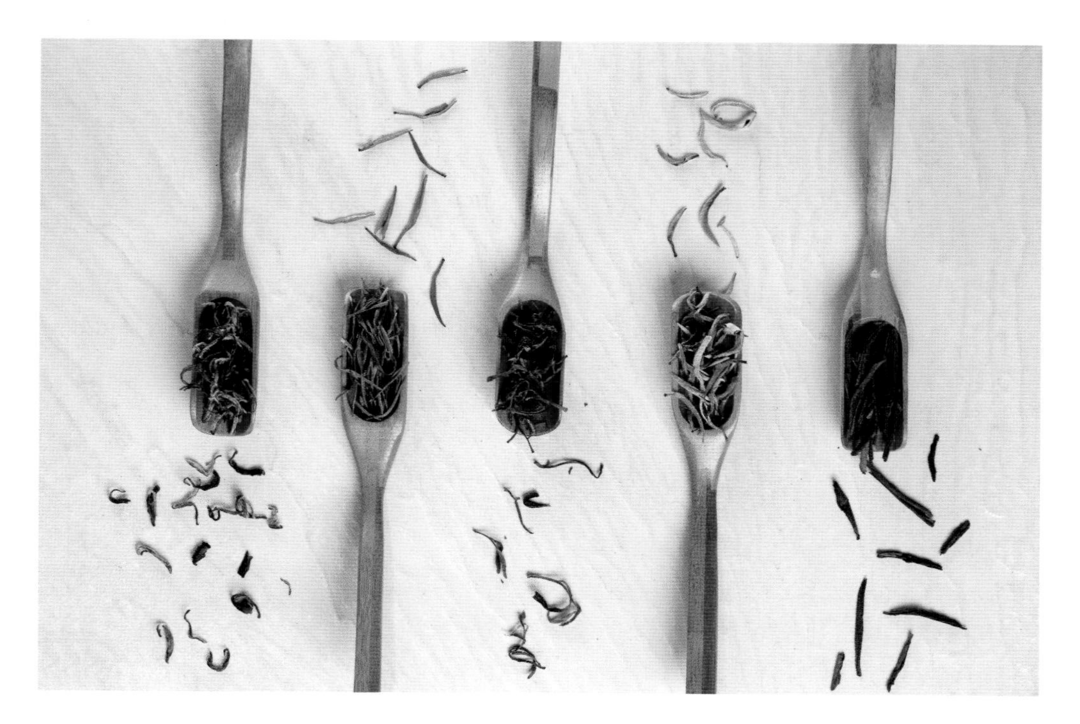

○ 色泽

茶叶色泽的品鉴包括干看茶叶色泽、湿看茶汤和叶底色泽。茶叶的色泽与多方面的因素有关，有些是鲜叶中固有的，有些是在加工工艺中转化而来的。辨别茶叶的色泽，可以了解茶叶品质的好坏和制法的精粗。

干茶色泽

茶叶鲜叶中的内含物质经制茶过程转化形成各种有色物质，由于这些有色物质的含量和比例不同，不同的茶叶呈现出不同的色泽，有的乌黑，有的翠绿，有的红褐，有的黄绿。总体而言，好茶均有色泽油润鲜活、光泽明亮的特点。那些色泽不匀或暗而无光的茶，多半由于原料老嫩不一、加工工艺粗劣，而导致品质不好。

各类茶叶均有其一定的色泽要求，总体来说，红茶以乌黑油润为好，黑褐、红褐次之，棕红最次；绿茶以翠绿鲜活为好，绿中带黄或黄绿不匀者较次，枯黄花杂者最次；青茶以青绿光润有宝光色较好，黄绿不匀者次之；黑毛茶以油黑色为好，黄绿色或铁板色为差。

茶汤色泽

茶叶中的有色物质主要有叶绿素、叶黄素、胡萝卜素、花青素以及茶多酚的氧化物等，其中可溶于水的物质形成了茶汤或嫩绿或橙黄，或红艳或棕褐的不同色泽，其中的变化丰富而微妙。不管各种茶叶的茶汤色泽多么不同，好茶的茶汤色泽一定是鲜亮、明净、清澈，并带有一定亮度的，如果茶汤色泽浊暗，有沉淀物，则说明品质较差。

名茶的茶汤色泽各不相同，如庐山云雾茶、黄山毛峰、都匀毛尖等，汤色皆浅绿清澈；龙井和玉露茶的汤色碧绿明亮；君山银针的汤色杏黄明净；铁观音茶的汤色金黄明亮；武夷岩茶的汤色澄黄；祁门红茶、正山小种的汤色红亮；云南滇红的汤色红浓鲜明；白牡丹的汤色浅杏明亮，醇和清甜；上等普洱茶的汤色褐紫红而醇厚等。

叶底色泽

冲泡过的茶叶称为叶底。叶底的色泽与汤色有密切的关系，叶底色泽的鲜亮与浑暗，往往和汤色的明亮与浑浊是一致的。冲泡过后，可以将叶底倒入白色瓷盘里，将其拌匀、铺开、揿平观察。以绿茶来讲，叶底以幼嫩多芽、匀整、色泽明亮的为好，色泽灰暗，带红梗红叶的为差。

○ 香气

茶香是茶的灵魂，无论哪种茶叶，都有其独特的香味。茶的香气主要取决于茶叶中的香味物质，而它来源于两个方面：一是在鲜叶生长过程中生成的；二是在制作过程中由其他物质转化而成的。不同的茶因茶树品种、生长环境、生长季节、制法及发酵程度等的不同，香气也不一样。

目前在茶叶中已鉴定出500多种挥发性香气化合物，这些不同香气化合物的不同比例和组合构成了各种茶叶的特殊香味。一般来说，绿茶的香气为清香、嫩香、毫香、花香等，以清香为主；红茶的香气为甜香、果香、花香等，以甜香为主；青茶的香气为花香、果香、清香、火香等，以花香为主；黑茶的香气为陈香、松烟香、菌花香等，以纯正为基本要求；黄茶的香气为毫香、清香、果香等；白茶的香气为毫香、清香、甜香等。

鉴别茶叶品质时，可以根据干茶的香气强弱、是否纯正以及持久程度判断。可以取少量茶叶，轻呼一口气然后靠近鼻子闻香。一般来说，那些鲜爽、纯正、持久并且无异味的茶叶品质较好，如果闻到令人不愉悦的香气或者霉味、焦味、熟闷味，则说明品质低劣。

○ 滋味

茶汤滋味是人们的味觉器官对茶叶中可溶性物质的一种综合反映。茶叶种类不同，其各自的滋味也不同，因而鉴别的标准也往往不同。有的须清香醇和，有的须在入口后刺激而稍带苦涩，有的则讲究甘润而有回味。例如：绿茶茶汤鲜爽醇厚，初尝略涩，后转为甘甜；红茶茶汤甜味更浓，回味无穷；花茶茶汤滋味清爽甘甜，鲜花香气明显。茶的种类虽然较多，各类茶中的好茶口感大体是相同的，均以少苦涩、带甘滑醇厚、能口齿留香、喉头有甘润者为佳。

茶汤的滋味与茶树的品种、茶叶的加工、冲泡技巧等因素有着密切的联系，以下是常见的滋味类型：

常见的茶汤滋味		
类型	滋味	代表茶叶
清鲜型	清香味鲜且爽口	洞庭碧螺春、蒙顶甘露、都匀毛尖
鲜浓型	味鲜而浓	黄山毛峰、婺源茗眉
鲜醇型	味鲜而醇	太平猴魁、白牡丹
鲜淡型	味鲜甜舒服，较淡	君山银针、蒙顶黄芽
浓烈型	味浓而不苦、不涩	婺源绿茶、屯溪屯绿
浓强型	味浓厚，有紧口感	红碎茶
浓厚（爽）型	有较强的刺激性和收敛性，回味甘爽	滇红工夫、武夷岩茶
浓醇型	醇而甘爽，有一定的刺激性和收敛性	工夫红茶、毛尖、毛峰、部分青茶
甜醇型	有鲜甜厚之感	安化松针、恩施玉露、白毫银针
醇爽型	不浓不淡，不苦不涩	莫干黄芽、霍山黄芽
醇厚型	味尚浓，带刺激性	庐山云雾、古丈毛尖、铁观音
醇和型	味欠浓鲜，有厚感	六堡茶、天尖
平和型	清淡正常，有甜感	低档红茶、绿茶、青茶
陈醇型	陈味带甜	普洱茶

由上表我们可以知道，茶汤滋味的分型有十余种，而茶汤滋味的好坏只有通过细细品尝才能鉴定出来，因此，在购买茶叶时，一定要充分运用舌头，尤其是舌中和舌根，品尝一下茶样。

留意茶叶的保质期

但凡是进入我们人体的食物都应该是新鲜的、有营养的，茶叶也是如此。但有很多茶友在购买茶叶时盲目相信“越陈越香”的说法，一味听取卖茶人对茶叶的吹捧，以至于买到过期茶叶，类似的事例并不少见。

很多过期的茶叶是可以通过我们的感官来判断的，例如：味道不对、颜色偏差、口感不好等。除此之外，保质期也是评判茶叶是否过期的重要标准。国家食品卫生标准，对茶叶的保质期限是有相关规定的。例如：绿茶、红茶、轻发酵的青茶，一般保质期为 12 ~ 24 个月，主要与成品茶的包装形式、茶叶本身所含有的水分等因素有关。如果是一些散茶，无法完全隔绝光线、水分，保质期会相应缩短一些，但不管保质期是几个月，只要茶叶发霉就不能再购买来饮用了。

那有些茶友可能会问，已经购买回家中但由于种种原因没喝完就过期的茶叶该怎么办呢？扔掉未免有些可惜。其实只要茶叶没发霉，还是有其他用处的。比如：

- 将其放在冰箱或者新买的衣柜中，能达到除湿、除味的功效。
- 取适量茶叶，埋进土中，当做绿植的肥料，能防止长虫。

不要购买受潮茶叶

不管是在购买茶叶的时候，还是在储存茶叶的时候，要想保证茶叶的品质，就不能让其受潮。因此茶友在选购茶叶时，有必要学会鉴别茶叶是否受潮的方法，以免购买到以次充好的茶叶。

刚采摘下的新鲜茶叶水分含量较大，经过加工后大部分水分已经被蒸发，一般成品的干茶含水量只有4%左右，这样才有利于储存。但有些茶叶在被贩卖的过程中由于保存不当，含水量会发生变化，甚至滋生细菌、发霉，饮用后有损健康。那茶友在买茶时应如何判断茶叶是否受潮呢？比较直接有效的方法就是通过折断茶梗来判断。

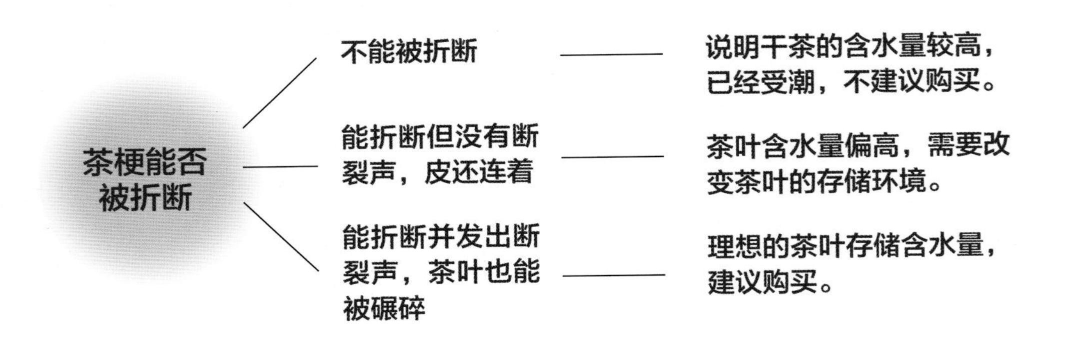

不同地方的茶叶该如何选购

随着越来越多的人喜欢喝茶，售卖茶叶的场所也慢慢多了起来，例如：商场、门店、茶城还有网络上。面对这么多选择，茶友难免会感到不知所措。接下来我们就聊一聊不同地方的茶叶该如何购买。

○ 商场中的茶叶

此类地方的茶，通常是包装完好，且带有QS标识，茶友可以放心购买，只是要多留意一下茶叶的生产日期和保质期即可。

○ 茶城中的茶叶

茶城一般会聚集很多卖茶的门店，卖茶老板也比较热情，通常会请买茶者试喝，如果茶友不能辨别出茶叶好坏，卖茶老板很可能将中低档茶叶说成是高档茶叶高价卖出。所以不建议喝茶新手去茶城买茶，如果实在想买，可以请一位懂茶的老茶客一同前去。

○ 网络上的茶叶

网络上售卖的茶叶良莠不齐，如果想要购买到货真价实的好茶叶，还需要茶友仔细辨别，可以多比较几家店铺，看看已经购买的茶叶的评价等，从而来决定要不要购买。

最后还是建议茶友去一家固定的门店购买茶叶，这样既有利于了解茶叶价格波动，与老板熟络之后也能买到性价比更高的茶叶。

分清新茶与陈茶

新茶是指用当年采摘的新鲜叶片加工而成的茶叶；陈茶是指非当年采制的茶叶。市场上不乏一些商家以陈茶充作新茶出售，欺骗消费者，所以我们应该掌握新茶与陈茶的鉴别方法，一般可以从茶叶的色泽、干湿、香气、滋味四个方面来识别。

○ 看色泽

茶叶在储藏过程中，构成色泽的物质会在光、气、热作用下发生分解或氧化，失去原有色泽。如新绿茶色泽青翠碧绿，冲泡后汤色清澈碧绿，而后慢慢转微黄，叶底亮泽；陈茶则通常色泽枯灰，无润泽感，冲泡后汤色黄褐不清。

○ 捏干湿

新茶由于刚刚加工出来，含水量一般较低，手感干燥，用大拇指和食指轻轻一捏就会变成粉末，茶梗也容易断。陈茶由于存放时间长，受返潮影响，含水量较高，手感松软、潮湿，一般不易捏破、捻碎。

○ 闻香气

新茶的香气清香馥郁，而陈茶由于构成茶叶香气的醇类、醛类、脂类物质在长时间贮藏过程中不断挥发和缓慢氧化，茶叶的香气往往低闷混浊，若保存不当还会带有霉味、粗老味或其他气味。

○ 品滋味

茶叶中含有的酚类化合物、氨基酸等物质构成了茶汤的滋味，一般新茶的滋味醇厚鲜爽，而陈茶却淡而不爽。这主要是陈茶中所含的这些物质经过漫长的时间，逐步分解、挥发了，使可溶于茶汤中的有效物质减少所导致的。因此，但凡新茶的滋味都醇厚鲜爽，而陈茶却显得淡而不爽。

“新茶都比陈茶好”，这种观点并不对。一般来说，新茶的品质确实要比陈茶好，尤其是绿茶。但绿茶也并非“茶叶越新越好”，像新炒制的西湖龙井、洞庭碧螺春、黄山毛峰等，立即饮用容易上火，贮存1～2个月再喝滋味更加鲜醇可口，没有青草气。另外，也有许多茶叶陈茶的品质反而比新茶好，比如普洱茶、武夷岩茶等，陈茶的香气更馥郁、滋味更浓厚。所以新茶不一定比陈茶好，具体要看针对哪一类茶，不能一概而论。

鉴别春茶、夏茶与秋茶

在四季分明的茶区，由于气候因素的变化对茶树生长及代谢的影响，即使是同为当年采制的新茶，其品质也有所区别。有的茶友买到茶之后总觉得，自己明明每次都买的相同的茶叶，但味道却有不同，有时候可能就是因为我们买到了不同季节的茶。

○ 春茶

在5月底以前采制的茶为春茶。历代文献都有“春茶为贵”的说法，由于春季温度适中、雨量充沛，加上茶树经头年秋冬季的休养，使得春茶芽叶硕壮饱满、身骨重实，所泡的茶浓醇爽口、香气高长、叶质柔软、无杂质。凡绿茶色泽绿润、条索紧实，红茶色泽乌润、茶叶肥壮重实多毫，此为春茶的品质特征。

○ 夏茶

在6月初至7月上旬采制的茶为夏茶。夏季炎热，茶树新梢芽叶迅速生长，使得能溶解于水的浸出物含量相对减少，因此夏茶的茶汤滋味没有春茶鲜爽，香气不如春茶浓烈，反而增加了苦涩味。从外观上看，夏茶叶肉薄且多紫芽，还夹杂着少许青绿色的叶子。凡绿茶色泽灰暗，红茶叶轻松宽，香气稍带粗老，是夏茶的品质特征。

○ 秋茶

在7月中旬以后采制的茶为秋茶。秋天温度适中，且茶树经过春夏两季生长、采摘，新梢内物质相对减少。从外观上看，秋茶多丝筋，身骨轻飘。所泡成的茶汤淡，味平和、微甜，叶质柔软，单片较多，叶张大小不一，茎嫩，含有少许铜色叶片。但乌龙秋茶，如加工得当，香气亦能有突出表现。凡绿茶色泽黄绿，红茶色泽暗红，茶叶大小不一，叶轻瘦小，乃秋茶的品质特征。

识别着色茶

市场上有一些商家为了牟利，将一些陈茶、劣质茶叶经过染色后出售，如果不懂得如何识别，就很可能买到这种着色茶。金钱上的损失事小，有些着色茶使用的染料是国家禁止用于食品生产的，如果饮用这样的茶，将对人的健康带来危害。因此，掌握着色茶的识别方法十分必要。一般可以通过以下方法来判断：

- 着色茶的颜色是人工添加上去的，通常色泽不均匀、不自然，连茶毫都是绿色的；没有加染料的茶叶色泽自然，茶毫是白色的。
- 闻一闻茶叶的气味，自然的茶叶会带着一股淡淡的茶香，而染过色的茶叶多半会有刺鼻的气味。
- 可以拿一小撮茶叶，放在光洁的白纸上轻轻摩擦，如果纸上立即出现颜色痕迹，则判断茶叶是着色茶。
- 用一个白纸杯泡一杯茶，没有被染色的茶叶茶汤一般清澈见底，而着色茶的茶汤相当浑浊，颜色异常鲜艳，纸杯壁上的水线还会出现一道明显的色圈。
- 将泡开后的叶底用手指使劲揉搓，如果手指被茶叶染色，则说明该茶叶是被染料加工过的，因为没有染过色的茶叶自身有一层保护膜，不会脱色。

区分真茶和假茶

真茶和假茶，一般可以通过感官来鉴别，就是通过人的视觉、嗅觉、触觉、味觉，运用眼看、鼻闻、手摸、口尝的方法来综合判断。

真茶和假茶的区分方法	
方法	概述
眼看	绿茶呈深绿色，红茶色泽乌润，青茶色泽乌绿，则为真茶；若茶叶颜色不一，可能为假茶
鼻闻	如果茶叶的茶香很纯，没有异味，则为真茶；如果茶叶茶香很淡，带有较大的异味，则为假茶
手摸	真茶一般摸上去紧实圆润，假茶比较疏松；真茶用手掂量会有沉重感，而假茶则没有
口尝	冲泡后，真茶的香味浓郁醇厚，色泽纯正；假茶香气很淡，颜色略有差异，没有茶滋味

不同茶类的选购方法

除了一些基本的鉴别标准，不同茶类在制造工艺和品质特征上各有特色，选购时的评判标准也有差异。

○ 绿茶的选购方法

我国的绿茶种类很多，选购方法不能一概而论，通常可从以下四个方面来判断，其中茶汤的香气和滋味都要通过冲泡茶叶来体现。

看外形

一般以茶叶条索紧结，大小、粗细均匀，原料细嫩，芽尖完整，白毫显露的绿茶为佳。例如优质眉茶条索均匀，重实有锋苗，整洁光滑，而次品眉茶条索常常松扁，弯曲、轻飘，大小不匀整；优质毛峰茶条索紧结、白毫多，次品毛峰茶则条索粗松，质地松散，白毫少。

看色泽

一般来说，优质绿茶的干茶色泽翠绿、油润，汤色较为清澈明亮，但有些高档细嫩茶叶茶毫多，茶汤会有“毫浑”（如洞庭碧螺春的茶汤），是正常现象。那些干茶色泽不匀、暗而无光，茶汤呈现深黄色，或是浑浊、泛红的绿茶，往往都是次品。

闻香气

好的绿茶清香持久，且略带熟栗香，有些特殊品种还会显现出花香。那些带有烟味、酸味、发酵气味、青草味或其他异味的茶叶品质不佳。

品滋味

茶汤滋味以鲜爽、鲜醇回甘为上，如入口略涩，后回甘生津亦是上品。那些滋味淡薄、粗涩，甚至有老青味和其他杂味的绿茶，皆为次品。

购买名优绿茶时，最好认准产地。因为名茶的品质与原产地的土壤、空气湿度、光照强度等气候条件是息息相关的，所以很多名茶都申请了地理保护标志，只有产自相应原产地的名茶，才能喝出名茶正宗的味道；如果不是原产地的茶，即使茶叶的品种和加工工艺都一样，制作出来的茶叶味道也会有很大差别。

○ 红茶的选购方法

红茶在世界范围内都深受人们的喜爱，如同对绿茶的选购，挑选红茶同样要考虑外形、色泽、香气、滋味这几个感官方面。

- 优质的小叶种红茶条索细紧、大叶种红茶肥壮紧实；色泽乌黑有油光，茶条上金色毫毛较多。
- “金圈”是鉴别红茶优劣的重要感官指标，品质好的红茶，冲泡后茶汤与碗壁接触处有一圈金黄色的光圈。
- 好的红茶经热水冲泡后汤色清澈，冷却后茶汤由清转浑，即出现“冷后浑”现象。“冷后浑”意味着茶叶中茶黄素、茶红素含量丰富，是茶叶品质良好的体现。
- 红茶香气应甜香浓郁，若伴有酸馊气或陈腐味，则说明保管不当已变质。
- 红茶汤味以甜醇鲜爽为上，若是红碎茶，则以“浓、强、鲜”为宜。

除上述感官指标外，购买红茶前，还要了解红茶的产地和包装，产地不同，茶叶口味也不同。市面上出售的红茶大都为茶包或铁罐装茶叶，茶包通常都是碎红茶。

○ 黑茶的选购方法

近些年黑茶越来越热，市面上出现了许多以次充好的黑茶，价钱也卖得很贵，初识茶叶的茶友们很容易被欺骗，掌握以下选购方法能尽可能帮助茶友挑选到好的黑茶。

- 优质的黑茶紧压茶表面完整，侧面无裂缝，无老梗；优质散茶条索匀整、油润；优质茯砖茶和千两茶，“金花”鲜艳、颗粒大且茂盛。
- 优质的黑茶带有菌花香，闻起来仿佛有甜酒味或松烟味，保存得当的陈年黑茶陈香内敛，有烂、馊、酸、霉、焦和其他异杂味者为次品。
- 优质的黑茶干茶乌褐油润，茶叶表面看起来极有光泽；冲泡后，新黑茶汤色橙黄明亮、陈茶汤色红亮如琥珀，极具美感。如果汤色浑浊，则不宜选购。
- 优质的黑茶茶汤口感甘醇或微微发涩，而陈茶则极其润滑，尝过之后唇齿仍带有甘甜的味道。如果茶汤喝起来令喉咙干燥、咽喉不适，则说明茶叶品质不佳。
- 黑茶的叶底主要看嫩度和色泽，以叶底色泽一致、叶张开展、无乌暗条为好，叶底有红绿色和红叶花边为差。

○ 青茶的选购方法

青茶属于半发酵茶，优质青茶往往具有香气高锐、滋味醇厚回甘、叶底“绿叶红镶边”的特点，具体选购时，可以从茶叶的外形、茶汤的香气和滋味以及叶底等方面来判断茶叶品质的优劣。

看外形

不同的青茶外形有些许不同，如铁观音条索壮结重实，略呈圆曲，水仙茶条索肥壮、紧结，带扭曲条形，但品质好的青茶往往条索紧结、叶片肥硕壮实、色泽沙绿乌润或青绿油润；反之，如果条索粗松、轻飘，叶片细瘦，颜色暗沉，则说明品质不佳。同时，还要看外观是否整齐均匀、洁净无杂物。

闻香品味

品质好的青茶有花果香，并且香味纯正，但闻起来绝不会太过，如有烟焦味、油臭味、烟味等异味，则不宜选购。

品茶汤滋味应注意是否醇厚鲜爽，是否有“韵味”。茶汤不应带有苦涩味、酸味、馊味、烟焦味及其他不正常的味道。不同品种的青茶有不同的滋味，品味时自己感觉良好即可。

观茶汤叶底

优质青茶冲泡后茶汤呈金黄色或橙黄色，且清澈透亮，不浑浊。而劣质的青茶冲泡后，汤色往往都是浑浊的，且泛青、红暗。由于青茶兼具绿茶和红茶的品质特征，所以优质的青茶在冲泡后观察叶底可发现“绿叶红镶边”的特征，即中间呈绿色、边缘呈红色，特别好看。用手捏一捏叶底，如果摸起来柔嫩、不硌手，则意味着该茶不仅原料好，制作工艺也比较上乘。

青茶的制作过程既有杀青又有发酵，所以采摘的鲜叶要有一定的成熟度，采摘时一般选择二三叶，俗称“开面采”，开面采的茶制成之后，通常都会带有茶梗。茶梗的作用是当茶在走水的时候，提升醇厚度。因此青茶的茶梗并非越少越好，要评价青茶的品质优劣，还要综合考虑多方面的指标。

○ 黄茶的选购方法

黄茶具有“黄叶黄汤”的特点，但这并不代表“黄叶黄汤”的就一定是黄茶。绿茶在加工过程中，如果操作不当，制作出来的茶叶也可能会有“黄叶黄汤”的现象，这种茶不能称作黄茶，而是劣质绿茶。因此选购黄茶时，不能将“黄叶黄汤”作为唯一的鉴别标准。

- 黄芽茶、黄小茶以细嫩、新鲜、匀齐、纯净为佳，黄芽茶还要求茸毛显露；黄大茶鲜叶采摘要求大枝大杆，一般为一芽四五叶，以梗壮叶肥为佳。
- 优质黄茶的干茶和茶汤色泽黄亮，如果干茶枯灰黄绿，茶汤黄褐浑浊，则为次品。
- 黄茶以毫香、清香优雅纯正为好，如香气低浊则不佳。不同的黄茶因产地不同，香气也不尽相同，有清香、花香和熟板栗香、锅粑香等。
- 好的黄茶茶汤味醇回甘。

○ 白茶的选购方法

白茶的加工工艺独树一帜，不揉不捻，自然天成，满身的茸毛不脱，如银似雪，所以被称为白茶。选购白茶可以参考以下具体方法：

- 好的白茶干茶应毫芽较多，而且毫芽肥硕壮实。如果毫芽较少且瘦小纤细，或者叶片老嫩不均，夹杂着老梗、老叶，则表明茶的品质较差。
- 好的白茶毫色银白有光泽，叶面是墨绿或翠绿的。如果叶面呈现草绿色、红色或黑色，毫芽颜色毫无光泽，或呈现蜡质光泽的茶叶，品质一般较差。
- 优质白茶香气清鲜纯正，品质不好的白茶香气较淡，或其中夹杂着青草味等其他异味。
- 好的白茶冲泡之后，汤色呈现杏黄、杏绿色，且汤汁明亮；而质量差的白茶冲泡之后，汤色浑浊暗沉，且颜色泛红。
- 细品茶的滋味，那些茶味鲜爽、味道醇厚甘甜的白茶，都算得上优品；如果茶味较淡且比较粗涩，这样的白茶往往都是次品。
- 观察白茶的叶底，如果呈现明亮的颜色，叶底肥软且匀整，毫芽较多而且壮实，这样的茶算得上是优品；反之，如果叶底暗沉、硬挺，毫芽较少且破碎，则品质不佳。

茶叶的贮藏

许多茶友重视买茶的细节，买回来后却忽视了茶叶的贮藏。试想精挑细选的好茶如果因存储不当而丧失原有的品质，该是多么可惜的事啊。可见，掌握贮藏茶叶的正确方法非常重要。

储茶的原因

茶叶有“三性”，即吸湿性、吸味性和陈化性，因而极易受空气中的水分、氧气等影响而陈化、劣变。只有将茶叶贮存在适宜的地方，才能保持它特有的香气与滋味。因此，茶叶需要妥善存储。

影响茶叶品质的因素

茶叶在贮藏过程中，受多种因素影响，各种内含物质可能会发生变化，造成颜色发暗，香气散失，味道不佳，甚至发霉，影响其口感，甚至还会影响到饮茶者的健康。通常以下因素会影响茶叶的品质：

○ 温度

温度太高会加速茶叶的氧化或陈化变质，使茶叶中一些原可溶于水的物质变得难溶或不溶于水，芳香物质也遭到破坏。一般温度越高，茶叶品质变化越快，尤其是南方炎热的夏季，气温能达到40℃，即使将茶叶放在阴凉干燥的地方，也会很快变质。

○ 湿度

茶叶具有很强的吸湿性，让干燥的茶叶直接接触空气，很短的时间其含水量就会增加许多。茶叶一旦受潮，轻则失去色香味，重则发生霉变。

○ 光线

光线照射也会对茶叶产生不良影响，茶叶中含有叶绿素等物质，与光接触会发生光合作用，引起茶叶氧化变质，使茶叶的色泽枯黄发暗；茶叶中的类胡萝卜素在强光作用下容易被氧化，产生的气味会使茶汤味道改变。

○ 空气

空气中的氧气很容易和茶叶发生氧化反应，使茶叶在短时间内发生陈化。此外，茶叶具有很强的吸附性，极易吸附空气中的异味，使茶叶的香味受到沾染。

贮藏茶叶的基本要求

正确贮藏茶叶，就要把影响茶叶品质的外部因素减至最小，从而最大限度地使茶叶保鲜。具体来说，有以下几个方面的要求：

○ 低温

低温可以减轻茶叶中各种成分的氧化程度，延缓茶叶的变质速度。一般茶叶的贮藏温度应控制在5℃以下，当然温度也并非越低越好，如果能在－10℃的冷库或冷柜中贮藏茶叶，效果更好。

○ 干燥

研究表明，当茶叶水分含量在3%时，茶叶成分与水分子几乎呈现单分子关系，可以较好地阻止脂质的氧化变质。因此茶叶从一开始就必须在干燥的环境下保存，一是贮存的环境要相对干燥；二是茶叶包装前含水量不宜超过6%，当含水量超过6%时，就需要进行干燥处理后再贮藏，否则很难保持茶叶的风味。

○ 密封

隔绝空气是延长茶叶保鲜期的关键一步。保存茶叶应注意完全密封，严禁在茶叶周围存放化妆品、药物、樟脑球、香包等有强烈气味的物品。

○ 避光

茶叶必须避光保存，以防止叶绿素和其他成分在光的作用下发生光合作用，包装材料也要选用可以遮光的。

○ 清洁

这是为了防止外来物质对茶叶的影响。茶叶很容易吸收环境中的异味，包括茶叶的包装袋、盒等容器的气味。因此，保管茶叶时应选择无异味、符合食品安全的包装，并置放于干净的环境中。

无论茶叶以哪种方式贮藏，都需要注意以上几方面的事项，这样才能有效地保证茶叶质量，减缓茶叶的变质速度，使人们更安心地体会品茶乐趣。

实用茶叶贮藏法

了解了茶叶贮藏的基本要求，接下来介绍几种家庭或茶艺馆常用的茶叶贮藏法，供大家在贮藏茶叶时参照使用。

○ 冷藏法

冷藏法适用于绿茶、黄茶、轻发酵的青茶（如铁观音、冻顶乌龙）等，是常用的贮藏法之一。

先将茶叶分装成小包或小罐密封包装，然后放入冷藏室或冷冻室。冷藏温度在0～5℃时最多可保存6个月，冷冻温度在－18～－10℃时可保存半年以上。如果茶叶不久就会饮用，那么放到冷藏室就足够了。如果茶量较多，最好用专用的冰箱贮藏，以免吸附其他食物的异味。在冰箱中保存后拿出来的茶叶，先不要拆包或开罐，待茶叶温度回升到与室温接近时再取出，否则茶叶易受潮。

○ 食品袋储存

食品袋储藏茶叶利用的材料就是常见的塑料袋，这种保存茶叶的方法是目前家庭贮茶较为常见的方法之一。

用食品袋储藏茶叶需要注意两点，一是茶叶本身要干燥，二是选好包装材料。所选用的食品袋必须是全新的，无毒无味，密度高，以尽量减少气体的流通，隔开其他物质的味道，避免茶叶吸附异味。只有这样才能起到有效的贮藏作用。

具体贮藏时，应先用防潮纸或较为柔软的干净白纸将干燥的茶叶包好，然后再放入食品袋中，轻轻挤压，将里面的空气尽量排出来，最后将食品袋封口，放在阴凉干燥处即可。可以用一根细绳扎紧袋口，然后用另一个食品袋反方向套一层，同样挤出空气，再用细绳扎紧。也可以采用以下方法将口封住：点一支蜡烛，把盛有茶叶的食品袋口叠齐，在封口线上用一根直尺顶住，形成一条直线，放在烛火上依封口线慢慢从一端移到另一端即可。为减少茶叶香气散溢和提高防潮性能，也可以按上述要求再套上一只食品袋，依法封口。

食品袋储藏法既简单又实用，保鲜效果十分显著，与冰箱冷藏的效果不相上下，而且持续时间也很长，十分适合家庭储藏茶叶使用。

○ 暖水瓶贮藏法

暖水瓶是我们日常生活中常见的用品，说到用暖水瓶贮藏茶叶，很多人可能会觉得稀奇，但在家庭贮藏茶叶当中，暖水瓶确实是十分实用的。这主要是因为暖水瓶的瓶胆由双层玻璃制成，夹层中的两面镀上银等金属，中间抽成真空，瓶口有塞子，密封性比较好，可以在较长时间内保持瓶内的温度。

首先，要选择一个保温性能良好的暖水瓶，保证瓶内的环境干燥。然后，将干燥的茶叶

受潮茶叶的处理方法

影响茶叶质量的外部因素有很多，其中，受潮是导致茶叶发霉变质的主要原因。那么怎样判断茶叶是否受潮？受潮的茶叶又应如何处理呢？

○ 判断茶叶是否受潮的方法

一般干茶的含水量应在6%以下，这是一个十分精确的数字，要想精准地检测贮存的茶叶含水量是否超过这个标准，需要借助专门的仪器，例如专业的水分测定仪。这种仪器比较适合有单独的存茶空间、存茶量多的茶友，一般家庭如果存茶量不是很多，可以利用感官来快速判断。

一般干燥的茶叶闻起来应芬芳明显，香气外溢，用手指捏住一小撮茶叶感觉干爽，轻捏会碎，用指甲掐可以掐断并发出断裂的声音。如果干茶表面的香气不明显，轻捏茶叶会变成块状或条状，掐断茶叶没有断裂的声音，表明茶叶有轻微受潮。如果茶叶捏不碎、掐不断，闻起来有异味，则表明茶叶已经完全受潮。

○ 如何处理受潮的茶叶

处理受潮的茶叶要看受潮的程度，如果茶叶受潮时间长，已经变质，甚至发生霉变，那么无论多好的茶都不能再饮用；如果受潮时间短，程度轻，茶叶尚未变质，可以立即采取干燥手段，去除多余水分，此时茶叶还能饮用，但品质可能受影响，如汤色变黄、香气转低。家庭中可用如下方法干燥：

准备一口新炒锅（旧锅有油气，容易沾染到茶叶上），将受潮的茶叶放入锅中，用文火慢炒，温度要低（用手摸茶叶稍感热即可），炒之前先筛去茶末，因为茶末沉在锅底易焦而产生烟焦气。如果有电烤箱、微波炉，也可以借助它们烘干受潮的茶叶，但要根据茶叶受潮的程度严格掌握好烘烤的温度与时间，否则容易烘焦了。

茶叶一旦受潮，质量会大打折扣，与其受潮后再来想办法挽救，提前规划好存茶位置，做好预防措施是更为有效的手段。

第三章

择水备器泡好茶

好水才能泡好茶，
好茶还需妙器配。
不过，
有了好水、好茶器，
您还需要一双会泡茶的巧手。
一起走进本章，
翻开茶香书卷，品味茶韵人生。

好水才能泡好茶

茶是水与茶叶充分交融的结果，要想喝到好茶，用水至关重要。明代张大复甚至把水品放在茶品之上，认为“茶性必发于水，八分之茶，遇十分之水，茶亦十分矣……”，可见水对茶的重要性。

水的分类

在我国古代，文人雅士喝茶前就有品茶先论水的习惯，他们将宜茶之水分为天水和地水两类，到了现代，人们在此基础上又增加了再加工水这一分类。

○ 天水

可以简单地理解为天上来的水，像雨、雪、霜、露等，其中雨水和雪水比较纯净，自古以来就常被用来煮茶。特别是用洁净清灵的雪水泡茶，汤色鲜亮，茶香幽幽，很受文人和茶人的喜爱，因此也就出现了“融雪煎香茗”“夜扫寒英煮绿尘”“扫将新雪及时烹”等歌咏用雪水烹茶的佳句；空气洁净时下的雨水，也可以用来泡茶，秋季雨水尘埃较少、口感清冽，适宜泡茶，梅雨季节的雨水次之，而夏雨水质较差，不适合泡茶；霜露也是泡茶的好水，而冰雹水味咸、性冷，不宜饮用。

○ 地水

地水是指自然界中山泉、江、河、湖以及井水中的水。植被茂密的山上，从山岩断层流出来的山泉水，是上好的沏茶用水，污染物较少的江河湖水也可以沏茶，但硫酸矿泉水或者含有杂质的地面水则不能饮用。井水虽然属于地下水，但能否泡茶要具体情况具体分析，一般浅层水和城市里的井水易受污染，不宜饮用，深井水比浅井水好，农村井水比城市井水好。

○ 再加工水

再加工水是指对自然水进行人工处理后所获得的水体，也就是自来水、纯净水、矿泉水、蒸馏水等。受现代环境问题的影响，人们很难轻易获取到干净的天水和地水，所以开始转向使用再加工水泡茶。只是再加工水中所含物质有所差别，不同的再加工水泡出的茶口感也有差异。

古代对泡茶用水的认识

宋徽宗曾在《大观茶论》中写道："水以清、轻、甘、冽为美。轻甘乃水之自然，独为难得。"可见，早在宋代人们对泡茶用水就十分讲究了。到了明代，茶人将前人的择水标准总结为"清、轻、活、甘、冽"。

清

水质清洁，要求无色透明，无杂质和沉淀，只有这样的水才能泡出茶之本色。明代的田艺衡论水的"清"，说"朗也，静也"，将"清明不淆"的水称作"灵水"。

轻

水体要轻，水的比重越大，表明其溶解的矿物质就越多。曾有实验证明，当水中的矿物质尤其是铁、钙、铝等含量较多时，会导致茶汤发暗，口感寡淡或苦涩。

活

水源要活，因为流动的水中细菌不易繁殖，而且活水经过自然净化，其中的氧气和二氧化碳等含量较高，泡出来的茶汤鲜爽，茶香四溢。

甘

"水泉不甘，能损茶味。"所谓水味要甘，即一入口，舌尖顷刻便会有甜滋滋的感觉，咽下去后喉中也有甜爽的回味，用这样的水泡茶自然会增添茶之美味。

冽

水含在嘴里要有清凉的感觉，寒冽之水多出于地层深处的泉脉之中，所受污染少，泡出的茶汤滋味纯正。古人认为，水"不寒则烦躁，而味必啬"，"啬"为涩的意思。

现代泡茶对水的要求

古人对宜茶用水的标准，虽然多是经验之谈和感官体验，但也能细致地将泡茶用水的知识涵盖起来，这些内容即使是以现在科学的角度来看也是可取的。

只是受当时条件的限制，古人对水质优劣的判别都不可避免地存在一定的局限性和片面性。随着现代科技的发达和生活水平的提高，人们在选择泡茶用水时，对水质的要求提出了新的指标。

○ 感官指标

即用人体感官所感受到的存在，例如水的色度不能超过15度，且不能有其他异常颜色；水要清澈，浑浊的不能超过5度，水中不能有肉眼可见的杂物；水不能有臭味、异味等。

○ 化学指标

通过一些数值指标来判别水质，通常水中微量元素的要求为：铁不能超过0.3毫克/升，锰不能超过0.1毫克/升，铜不能超过1.0毫克/升，锌不能超过1.0毫克/升，氧化钙不能超过250毫克/升，挥发酚类不能超过0.002毫克/升，阴离子合成洗涤剂不能超过0.3毫克/升。

○ 毒理学指标

指的是水中的氟化物不能超过1.0毫克/升，适宜浓度为0.5～1.0毫克/升，氰化物不能超过0.05毫克/升，砷不能超过0.04毫克/升，镉不能超过0.01毫克/升，铬不能超过0.5毫克/升，铅不能超过0.1毫克/ 升。

○ 细菌指标

每1毫升水中的细菌含量不能超过100 个；每1 升水中的大肠菌群不能超过3 个。

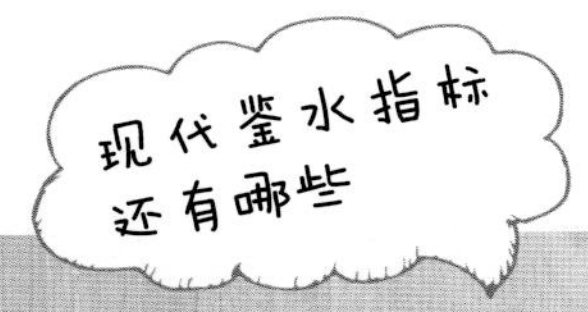

除了从饮用水的基本安全和卫生这些内容考虑，现代常用鉴水指标还包括悬浮物、溶解固形物、硬度、碱度、pH值。泡茶用水应以悬浮物含量低、不含有肉眼所能见到的悬浮微粒、总硬度不超过25度、pH值小于5，以及非盐碱地区的地表水为好。

软水、硬水对茶的影响

水中钙、镁矿物质的含量决定了水的软、硬程度，软水是指不含或含很少可溶性钙、镁化合物的水，像雨水和雪水就是天然软水。硬水是相对于软水而言的，如果水中含有较多钙、镁化合物，则称之为硬水。

很多细心的茶客会发现，不同的水泡出来的茶，其口感、香气都会有所变化，这其实是水的软硬对茶产生的影响。软水泡茶，茶中有效成分的溶解度高，故茶味浓；而硬水中所含有的丰富钙、镁等离子，会与茶叶中的多酚类物质结合生成不可溶性物质，所以有时会看到一层明显的“锈油”，茶的滋味也会大打折扣。

此外，水的软硬还会影响水的pH值，而pH值又会影响茶汤色泽以及滋味。水的硬度高，其pH值也高，当pH值大于5时，汤色加深；pH值达7时，对茶叶品质起决定性作用的茶黄素就容易自动氧化而流失，茶红素颜色加深，则茶汤的汤色深暗且浑浊，滋味苦涩。由此可见，要想喝上一杯好茶，在选择泡茶用水时应选择软水。

改善水质的方法

目前，我国大部分家庭的日常用水都是自来水，且自来水是符合国家饮用水标准的硬水，但这不能保证自来水是绝对无污染的，以下有几种装置，可以帮助改善水质。

○ 前置过滤器

此装置安装在水表后面，用来过滤自来水中的泥沙、铁锈、大颗粒物质等。具有使用寿命长，污垢易清理的优点，但只能用作粗过滤。

○ 水龙头过滤器

安装在水龙头附近，可以去除水中的泥沙、铁锈、重金属、异味、细菌及各种有害物质，有的还能调节水质酸碱平衡。缺点是过滤水处理量较小，使用寿命较短，滤芯容易堵塞。

○ 超滤机

可以有效滤除水中的泥沙、铁锈、细菌、胶体、大分子有机物等有害物质，保留对人体有益的矿物质和微量元素。但无法滤掉钙、镁离子，通常只适用在水质较软的南方。

○ 反渗透净水机（RO 机）

不仅可以过滤掉超滤机能过滤的物质，还可以去除钙镁离子和重金属，保证烧开的水没有水垢。但此种设备属于耗材，其价格也相对较高。

适合泡茶的水

都说水为茶之母，也知道了水质会影响茶的品质，在我们每天接触到各色各样的水中，到底哪些水是适合泡茶的水呢？

○ 天然水

包含之前所说的天水和地水在内，只要是没有被污染过的天然水都可以用来泡茶。其中，天然水中的泉水是泡茶用水的首选，不仅因其水质较好，其汩汩溢冒、涓涓流淌的风姿，也为茶文化平添了几分幽韵和美感。但需要注意的是，并不是所有的泉水都能拿来泡茶，因为泉水的水源和流经途径不同，其溶解物与硬度也有很大差异，甚至有些泉水中的有害物质或者矿物质含量已经超标；如果泉水不适合泡茶，可以选用井水，只要周围环境清洁卫生，深而活的井水泡茶也是不错的；至于雨水和雪水，因受环境污染的影响已经不能用来泡茶了。

○ 自来水

自来水就是将天然水通过自来水处理净化、消毒后产生的符合国家饮用水标准的水，是绝大多数家庭的日常用水。

自来水中含有氯气，如果拿来泡茶，建议将其在干净的容器里静置一昼夜，待氯气挥发后再使用。也可以将其通过粗滤装置去除其中的红虫、铁锈、悬浮物等杂质后，达到国家饮用水卫生标准再泡茶，这种水叫作净化水，不仅容易取得，而且经济实惠，用净化水泡茶，茶汤的品质也是很不错的。

○ 纯净水

不管是瓶装纯净水还是桶装纯净水，都能在商店里轻松找到，其水质清纯，没有任何污染物、无机盐、添加剂和杂质，且价格也比较低廉。用这种水泡茶，茶汤晶莹透澈，香气滋味纯正，无异杂味，鲜醇爽口。

○ 矿泉水

所谓矿泉水，是指含有一定量的矿物质、微量元素或者二氧化碳气体的水。由于产地不同，其中含有的微量元素和矿物质成分也不同，有些矿泉水中含有的钙、镁、钠等金属离子较多，属于硬水，拿来泡茶会影响茶汤的品质。

水温与茶的关系

要想喝上一杯好茶，除了要择好水，还要知晓水温与茶的关系。因为水温过高或过低都会对茶的品质造成影响，而学会判断水温，就能帮助我们用温度适宜的水来冲泡茶叶。

在泡茶之前首先需要将水烧开，之后再拿来泡茶，这一过程是为了将硬水转化为软水，那怎么判断水烧开了呢？陆羽早在《茶经》中就曾这样写道："其沸，如鱼目，微有声，为一沸；缘边如涌泉连珠，为二沸；腾波鼓浪，为三沸。以上水老不可食也。"明代许次纾《茶疏》中说得更为具体："水一入铫，便需急煮，候有松声，即去盖，以消息其老嫩。之后，水有微涛，是为当时；大涛鼎沸，旋至无声，是为过时；过则汤老而香散，决不堪用。"

古人将烧开沸腾太久的水称为"水老"，未沸腾的水称为"水嫩"，这两种水都不适宜泡茶。这是因为水烧开太久，溶于水中的氧气、二氧化碳已经挥发殆尽，用来泡茶的话，茶的鲜爽会逊色很多；水没烧开，水温太低会导致茶中的有效成分不易浸出，使香味低淡，滋味淡薄，而且茶浮水面，不便饮用。古人对于水沸腾的研究，对于现代人泡茶仍然有借鉴意义，至于具体的泡茶水温，与所泡的茶叶种类有关。

泡茶水温一览表

茶类	水温	要点
绿茶	一般以80℃左右的水为宜	如果是茶叶细嫩的名优绿茶，用75℃左右的水冲泡即可，茶叶越嫩冲泡水温越要低
花茶、红茶或者低档绿茶	90℃左右的热水	茶叶原料老嫩适中，需要把沸腾的水稍微搁置一会再来冲泡
青茶、普洱茶和沱茶	95℃以上的热水	茶叶较粗老，茶叶用量较多，所需水温较高，有时为了保持水温，还需要用热水淋壶
少数民族饮用的砖茶	100℃的沸水	将砖茶敲碎，用刚烧开的沸水冲泡或者放在锅中煎煮后再饮用

需要提醒广大茶友注意的是，如果水温过高，茶叶会被烫熟，叶底和茶汤很可能会变黄，而且茶中所含的维生素等营养素也会遭到破坏，咖啡因、茶多酚等会因为浸出过快，

使茶汤产生苦涩的味道；如果水温过低，则不能将茶叶泡开。那怎样才能判断出合适的水温呢？

一个直接的方法就是借助烹调用的笔式温度计测量水温，虽然准确快捷，但在给客人泡茶时拿出温度计测量，总显得不太雅观。其实通过掐表看时间来判断水温，也是一种好方法。

1

如果需要90℃左右的水温，可以在水烧开后，将水壶放在一边，无须将壶盖敞开，等待1～2分钟即可。

2

如果需要80℃左右的水温，可以先将烧开的水倒进玻璃茶海，在室温下静置1～2分钟，就能得到温度适宜的泡茶水。

除了这两种方法外，也可以通过感官来判断水温，例如用手轻触或靠近煮水壶的外表，凭手的感觉来判断水温。此种方法需要丰富的经验才能完成，例如需要80℃的水，可以先用温度计测量准确后，用自己的手指贴在水壶外壁，记住能停留多少秒，以此将手感与水温对应。还可以在水烧开过后一小会儿，打开水壶的盖子，看看冒出来的水汽，水汽的强弱以及态势能体现水温的情况。刚开始观察时可以借助温度计来辨别温度与水汽的对应情况，久而久之就可以自己总结出一套规律来，日后不需要使用温度计，自己的经验就可以作为判断的依据。

中国五大适合泡茶的名泉

在我国从古代起，嗜茶者就讲究用山泉水泡茶，而且泉水在我国资源较为丰富，比较有名的有百余处之多，其中适合泡茶的有五大名泉。

镇江中泠泉，位于江苏镇江的塔影湖畔，泉水产自江心的激流，不仅水源纯净，而且甘甜清冽，再加之表面张力大，同它来泡茶，就算水面高出杯口也不会外溢。“扬子江心第一泉，南金来此铸文渊，男儿斩却楼兰首，闲品《茶经》拜羽仙。”这是民族英雄文天祥品尝了用镇江中泠泉泉水煎泡的茶之后所写下的诗篇。

同样位于江苏的还有无锡的惠山泉，其排名仅次于中泠泉，此口泉水分为上、中、下三个泉池，上池的水质最好，泉水无色透明，所含矿物质不多，很适合泡茶。此泉深受唐武宗的喜爱，著名民间音乐艺术家阿炳以惠山泉为素材所作的二胡演奏曲《二泉映月》，至今仍是中国民间音乐的代表曲目之一。

苏州的观音泉受气候影响泉水终年不绝，十分清澈。观音泉令天下人称奇的原因，就是此泉有两个泉眼，各自泉眼中的水，水质不同，但涌出之后便会汇合，像是泾渭的交界处，非常分明。

杭州的虎跑泉位于西湖西南侧，与白堤一样也属于杭州西湖十景之一。虽然虎跑泉占地不大，是个长宽两尺的泉眼，但其泉水清澈干净，人们可以在泉水的石壁上看见“虎跑泉”三个字，而且到如今这股泉水依然不停地涌出，泉水依旧澄澈。

济南的趵突泉可以算是众所周知了，此泉有三眼，从地底忽涌突起，然后汇集在泉池中。相传，乾隆皇帝巡游江南，路过济南时，品尝了趵突泉的水觉得非常清冽甘美，便为趵突泉提了“激湍”两个大字，还在《游趵突泉记》中写道：“泉水怒起跌突，三柱鼎立，并势争高，不肯相下。”

好茶还需妙器配

正所谓"工欲善其事必先利其器"，喝茶也有相似的道理。一杯好茶不仅需要有好水，还要有妙器，才能真正成就一盏茶的色、香、味、形、韵。

茶具的起源和发展

"茶滋于水，水藉于器"，器以"载道"之功而为茶之父，茶器作为喝茶必不可少的工具，有着自己专属的起源和发展。

据有关史料记载，早在汉代茶具就已经问世，只是此阶段的茶具与食器、酒器混用，自成体系的专用茶具还没有诞生，因此可以将此时期视为茶具的萌芽阶段。

稳定的社会和安定的生活，使人们对茶的认识逐渐加深，到了唐代相继出现了茶宴、茶会，这标志着饮茶性质的变化，品饮结合的艺术升华，对专用茶具的"呼唤"使茶具在历史上出现了划时代的革命。茶圣陆羽亲自设计制作了一套从煎煮、点试到饮用、清洁、收藏一应俱全、内容丰富的茶具，他被视为这场革命的倡导者、组织者和实践者。中国茶具文化的里程碑由此树立，古朴实用而又妙趣横生的茶道文化也得以形成。

我国考古学家于1987年4月，在陕西扶风县法门寺秘藏地宫，出土了一套唐代宫廷银质鎏金烹茶用具，整套茶具有11种12 件，这些古茶具实物不仅是古代人们智慧的结晶，更能反映出唐代饮茶的盛况和豪华。

到了宋代，随着点茶法的流行，金银具也在各地盛行开来，黑釉建盏也不可一世。建盏是一种"黑釉"茶具，它是在黑色中画有美丽斑纹图案，即"兔毫斑"。兔毫斑使本来黑厚笨拙的建盏显得精致而又极富动感，更增添了斗茶的乐趣。

明清时期，茶具发展终于步入正轨并达到顶峰，这得益于此时期返璞归真的茶风。而且景德镇甜白瓷和青花瓷铸就了瓷业的一段辉煌，宜兴紫砂茶壶更是庞大茶人的至宝，边品茶边欣赏精致的茶具，可以让茶客体会到由艺术到心灵的震撼。

由此可见，中国茶具的发展之道，是由粗趋精，由大趋小，由繁趋简，从古朴、富丽再趋向淡雅的返璞归真的过程。

依据材质划分茶具

茶具的材质主要有紫砂、陶瓷、玉石、漆、金银、竹木、玻璃等几大类，其材料不同，茶具的划分也不同。

○ 紫砂茶具

在种类繁多的茶具中，备受茶客喜爱且极具美学价值的当属紫砂茶具，冲泡、品饮用的壶具、公道杯等大多为紫砂制品。虽然同为紫砂茶具，其品质也有优劣之分，其中宜兴紫砂茶具采用宜兴地区独有的紫泥、红泥、团山泥抟制焙烧而成，表里均不施釉，不仅驰名中外，且历史悠久，早在北宋时期就已经出现，在明、清时期大为盛行。

紫砂茶具具有艺术美，以紫砂壶为例，茶壶“方不一式，圆不一相”，壶体光洁，块面挺括，线条利落；圆壶则在“圆、稳、匀、正”的基础上变出种种花样；另外还有似竹节、莲藕、松段和仿商周古铜器形状的复杂造型，皆让人感到形、神、气、态兼备，具有极高的艺术性。

除此之外，茶客们偏爱紫砂茶具还有一个原因，那就是相比较其他材质的茶具，紫砂茶具还有其特有的实用性。

- 紫砂茶具气孔微细、密度高，有较强的吸附力，用之泡茶，色、香、味皆蕴。
- 其里外均不上釉，用作茶具，其没出物不会产生某种不良影响。
- 能经受冷热急变，冬天泡茶绝无爆裂之虑，放在文火上炖烧不会炸损，由于传热缓慢，使用时握摸不易炙手。
- 其经久耐用，涤拭日加，自发黯然之光，入手可鉴。

○ 瓷器茶具

自唐代以来，陶瓷工艺就被广泛应用于茶具生产，瓷器按产品分为青瓷茶具、白瓷茶具、黑瓷茶具、彩瓷茶具和骨瓷茶具等。

青瓷茶具

浙江、四川等地是青瓷茶具的主要产地，青瓷器的主要特点有：玻璃质的透明淡绿色青釉，瓷色纯净，青翠欲滴，既明澈如冰，又温润如玉，造出的茶具质感轻薄圆润柔和。

白瓷茶具

湖南醴陵、福建德化、四川大邑等都是白瓷茶具的产地，其中被人们所熟知的是江西景德镇的白瓷茶具，其色泽纯白光洁，能更鲜明地映衬出各种类型茶汤之颜色。

黑瓷茶具

黑瓷茶具的诞生得益于宋代斗茶之风的盛行，茶叶与黑色茶盏色调分明，便于观察，且黑瓷胎体较厚，能够长时间保持茶温，十分适宜斗茶所用。

彩瓷茶具

彩瓷是指带彩绘装饰的瓷器，比单色釉瓷更具美感。彩瓷茶具的品种花色也很多，其中尤以青花瓷茶具最引人注目，彩瓷兴起于清代，在现代的应用仍十分广泛。

骨瓷茶具

骨瓷属软质瓷，由实用骨粉混合石英制成，与其他陶瓷茶具相比，骨瓷茶具的质地更为轻巧，瓷质更为细腻，虽然其器壁较薄，但致密坚硬，是公认的高档瓷种。

○ 玉石茶具

玉石是一种纯天然的环保材质，在唐代时期就出现了将玉雕琢成茶具的工艺，因玉石茶具品质高档，那时大多为皇室贵族所用。玉石茶具中的黄玉盖碗茶具在河北一带有生产，其身透黄，光洁柔润，纹理清晰，还具有遇冷遇热不干裂、不变形、不褪色、不吸色、易清洗等优点。

○ 漆器茶具

将竹木或其他材质雕刻后上漆，即可制成漆器茶具。因选料和工艺制作上的差别，此类茶具有工艺奇巧、制作考究的珍品，也有用于日常较为粗放的产品。漆器茶具具有悠久的制作历史，明代时大彬制作的“紫砂胎剔红山水人物执壶”，在紫砂壶上髹以朱漆，达到了漆与紫砂合一的境界。在现代，较为有名的漆器茶具有北京雕漆茶具、福州脱胎茶具等。

○ 金银茶具

将金银以锤成型或浇铸焊接，再加以刻饰或镂饰制成的茶具称为金银茶具。金银具有延展性强，耐腐蚀，色泽美丽等特点，由此制作成的茶具不仅样式精致，价值也很高。此外还有其他金属制成的茶具，例如：锡茶具，镶锡茶具，铜茶具等，其中用锡做的储茶器，具有较高的密封性，常被用来储存高档茶叶。

○ 竹木茶具

竹木茶具的来源广、制作方便，对茶无污染，对人体无害。陆羽在《茶经・四之器》中开列的28种茶具，多数是用竹木制作的；到了清代，四川一带出现了竹编茶具，主要有茶杯、茶盅、茶托、茶壶、茶盘等，多为成套制作，可见竹木茶具自古以来就受到茶人的欢迎，后来还衍生出用葫芦、椰子等果壳雕琢而成的茶具。

○ 玻璃茶具

大部分玻璃茶具都是耐高温的玻璃制品，质地透明，能准确地反映出茶汤的色泽，尤其是冲泡龙井、碧螺春、君山银针等名茶，玻璃器皿透明的优越性能充分发挥，观之令人赏心悦目。

按照功能划分茶具

为了满足茶客们的泡茶需求，茶具的功能越来越细化，在泡茶过程中，按照茶具所起作用的大小，人们常常将茶具分为主泡器和辅助用具。

主泡器	
茶壶	用来泡茶，多以陶制、瓷制为主，有提梁壶和后提壶之分
茶船	用来放置茶壶和盛接溢出的茶汤和淋壶的废水
茶海（公道杯）	杯中的茶汤冲泡完成后可将其倒入茶海，起到中和茶汤的作用
茶杯（品茗杯）	用来盛放泡好的茶汤
盖碗（盖杯）	泡茶用具，分为盖、杯身、杯托三部分

辅助用具			
茶刀	用来解散紧压茶的器具	茶荷	将茶叶放在茶荷中以供观赏，便于闻干茶的香气
茶则	把茶叶从盛茶用具中取出的工具，用来衡量茶叶的用量，确保投茶准确	茶洗（水盂）	用来装温热茶具后不要的水，冲泡完的茶叶、茶梗
茶匙	辅助茶则将茶叶拨入泡茶器	茶巾	用来擦干茶壶或茶杯底部残留的水滴，也可以用来擦拭清洁桌面
茶夹	用来夹取杯具，烫洗茶杯用，还可以用来夹泡过的茶叶	煮水器	用于烧水
茶针	用于疏通壶嘴，以保持水流畅	茶仓	即茶叶罐，是储放茶叶的容器
茶漏（茶斗）	过滤茶毫或细碎茶渣	茶盘	放置泡茶器具，盛接泡茶洒、溢出的茶汤，温烫、清洗壶具和杯具的沸水

常规茶类与茶具的选配

“器为茶之父”，要想泡出一杯好茶，不仅要精心挑选茶器，更要注意茶器与不同的茶叶的配合，这样才能让茶的色、香、味充分地展现出来。

○ 茶具材质的选配

绿茶，尤其是名优绿茶，建议选用无色透明的的玻璃茶具冲泡，玻璃材质的通透性可以让茶友清楚地欣赏到茶叶在水中缓慢吸水而舒展、徐徐浮沉游动的姿态，领略“茶之舞”的情趣。当然，不只是玻璃茶杯，白色瓷杯也可以用于绿茶的冲泡。需要提醒茶友注意的是，不论何种绿茶，茶杯都宜小不宜大，如果茶杯过大，水量就会增多，很容易将细嫩的茶叶泡熟，从而使其失去绿翠的色泽，香气减弱，甚至产生“熟汤味”。

例如：工夫红茶、眉茶、烘青和珠茶等中高档红茶和绿茶，喝茶重在闻香品味，观形略次，可以直接使用瓷茶杯冲泡；如果是低档红茶和绿茶，因其香味和有益成分较少，可以用壶冲泡，水量多而集中，有利于保温，并能充分浸出茶中的内含物，使茶的香味溢出，茶汤口味也较为理想。

工夫红茶可以用瓷壶或紫砂壶来冲泡，然后将茶汤倒入瓷杯中；如果是体型较小的红碎茶，容易悬浮于茶汤中，为方便饮用，建议选用茶壶泡沏；青茶适宜用紫砂壶冲泡；袋装的茶可用白瓷杯或瓷壶冲泡；如果是冰茶，最好用玻璃杯品饮。此外，冲泡绿茶、红茶、黄茶、白茶也可以使用盖碗，按个人喜好选择即可。

花茶有高低档之分，高档花茶为显示其品质特色，可以用玻璃杯、白瓷杯或盖碗冲泡，如果想要保留茶香，可以用带盖的茶杯冲泡；普通花茶与中低档红茶和绿茶一样，要用瓷壶冲泡，可得到较理想的茶汤，并保持香味。

○ 茶具色泽的选配

不同茶类相适应的茶具材质不同，也可以根据不同茶类的茶汤与茶具色泽的搭配来选购茶具。茶具的色泽是指制作材料的颜色和装饰图案花纹的颜色，通常可分为冷色调与暖色调两类。冷色调包括蓝、绿、青、白、灰、黑等色，暖色调包括黄、橙、红、棕等色。如果茶具有多色装饰，要按主色划分归类。茶具色泽的选择是指外观颜色的搭配，在选择时要与茶叶相配，通常情况下茶具内壁以白色为好，因为这样能真实反映茶汤的色泽和明亮

度。同时还要注意主茶具中壶、盅、杯的色彩搭配，再辅以船、托、盖置，力求浑然一体，天衣无缝，最后以主茶具的色泽为基准，配以辅助用品。

茶具与场合相配

茶具的配置分为“特别配置”“全配”“常配”和“简配”四个层次，大多数时候饮茶场合的变化决定着茶具的配置。换句话说，要根据饮茶场合选配茶具。

- “特别配置”适用于参加国际性茶艺交流、全国性茶艺比赛、茶艺表演等重大场合，要求茶具精美、齐全、高雅。
- 茶具配置齐全，能满足各种茶的泡饮，只是器件精美，质地略逊色于“特别配置”，则称为“全配”。例如昆明接待宾客的九道茶习俗中所用的茶具就是“全配”。

- 台湾沏泡工夫茶一般选配紫砂小壶、品茗杯、闻香杯组合、茶池、茶海、茶荷、开水壶、水方、茶则、茶叶罐、茶盘和茶巾，这属于“常配”。
- 如果是自己饮用或居家招待客人，“简配”就可以了，即用很少的茶具来完成整个泡茶过程，不求与不同茶品的个性对应，力求方便实用。

按泡茶习惯选配茶具

每个人都有自己的习惯和喜好，在茶具选配上也会有所体现。例如有的人偏爱玲珑剔透的玻璃茶具，有的人则青睐精致细腻的瓷器茶具，还有的人对古朴大方的竹木茶具情有独钟。这些都无可厚非，只要在实用的前提下，根据自己的习惯和喜好来选配茶具即可。

- 如果习惯用玻璃茶具杯泡，则需准备煮水器、玻璃杯、水盂、茶叶罐、杯垫。
- 如果习惯用陶器茶具壶泡分饮，则应备齐煮水器、茶叶罐、陶壶（如紫砂壶）、公道杯、品茗杯、茶盘及各种辅助茶具等。
- 如果习惯杯泡，只要准备好随手泡、泡饮茶杯、水盂、茶叶罐、杯垫就可以了。
- 如果习惯壶泡分饮，需要备齐随手泡、茶叶罐、壶（或盖碗）、公道杯、小品茗杯、茶壶或壶承以及各种辅助茶具等。
- 除此之外，还要根据自己手的大小选择合手的茶具，以符合实用的原则和日常的泡茶习惯。

茶具之间要相互协调

通常情况下，非居家饮茶，如办公场所、茶艺馆或者作为礼品赠送，则更多选择套装茶具，因为相同材质的成套茶具显得整齐、规矩。

有很多喜欢喝茶的人不喜欢一直使用一套茶具，他们常常到茶叶市场去淘换茶具，要么是购买成对的品茗杯，要么是遇见一把合自己心意的紫砂壶，就爱不释手。虽说茶具之间的搭配没有特殊的硬性规矩，但此种情况下，还是建议喜欢玩赏特色茶具者购买一套有6个左右品茗杯的茶具，当有长辈、贵宾、朋友要招待或初次见面时，一套整齐有序的杯具可以表达自己的恭敬之意。在选购成套的品茗杯时，应遵循实用、造型经典、颜色、价格适中等原则，万一失手打碎还可以重新组配，也不会太心疼。

其实，每人选不同款型的品茗杯用于家人自用，或同龄挚友以自选，或固定特色品茗杯奉茶，这未必不可。如果再加上茶具主人对茶具品种有自己的喜好，选购不成套的茶具也就不足为奇了，例如有人偏爱青瓷，多选仿汝窑茶具和龙泉窑茶具；有人喜欢青花茶具，则觉得青花类茶具更素雅宜人。虽然选购茶具的色、款不成套，但内在风格是统一和谐的，用起来也会感到协调舒服。

巧用茶宠增趣

除了之前我们提到的众多茶具，还有一类物件没有涉及，那就是茶宠，虽然算不上泡茶用具，但根据自己的喜好装点几枚小巧可人的茶宠，算得上是增添品茗趣味的不错方式。

茶宠也叫茶玩 ，摆放在茶盘上，品茶时分与它一杯，让它与人共享品茶的乐趣，这就是茶人口中所说的“养”茶宠。经过时间的积累，就会滋养出茶色，茶宠也就会变得温润可人，茶香四溢了。小小的茶宠为茶台增添了很多情趣，现在，想要找个没有一件茶宠的茶桌还不太容易呢。

近年来，茶宠的品种越来越多，造型也越发新颖，其中较为常见的是很多店家茶盘里的“三脚金蟾”，其含义为招财进宝；也有寓意吉祥的传统生肖造型；各种憨态可掬的小和尚等，都受到人们的喜爱。此外，还有一种可以喷水的精细茶宠也是茶友们喜欢购买的，泡茶间歇用沸水浇淋茶宠，茶宠受热后放入冷水，因热胀冷缩，水从茶宠透气口被吸进茶宠里，取出茶宠，再用热水浇淋，茶宠就喷出高高细细的水柱，令人倍感欣喜有趣。

茶友在挑选自己心仪的茶宠时，要注意其做工，虽然茶宠的个头小巧，但它和紫砂壶一样，制作精良的茶宠价格不菲，要仔细对比，才能物有所值。

茶具的选购与使用

茶具不仅与茶有着“亲密”接触，还会给品饮者带来触觉感受，大家在购买时需要精挑细选，下面就介绍一些有关茶具的选购技巧和使用方法，以供参考。

○ 茶壶的选购与使用

茶友在选购茶壶时可以参照“小、浅、齐、老”这四字口诀来评判其好坏。先不追究茶壶的款式和色泽，茶壶最重要的是“宜小不宜大，宜浅不宜深”，如果茶壶过大就不“工夫”了，而且茶壶的深浅会关系到茶的气味，茶壶浅才能酿味、留香，不蓄水，这样茶叶才不易变涩。

除了大小、深浅，好的茶壶还讲究“三山齐”，茶客在挑选时可以将壶盖去掉后放在桌子上，观察壶滴嘴、壶口、壶提柄，如果三者都平就是“三山齐”了，这关系到壶的水平和质量问题，要尤其重视。那“老”指什么呢？其实主要是看茶壶里所积盛的“茶渣”多寡，也有些茶友认为“老”字还要讲究朝代出品、历史、名匠制作、名家品评等，其实，这些不太适用一般茶壶的选购，更偏向于个人喜好。

除此之外，还有以下几项要点，需要茶友注意：

- 茶壶的造型及外观方面没有统一标准，主要看个人喜好和感受，毕竟是自己使用，只要自己看着舒服满意就好。
- 壶的出水效果与“流”的设计息息相关，倾壶倒水而壶里滴水不存则为佳。至于出水态势，则可刚可柔。
- 茶壶的味道可以体现茶壶的品质，有些新壶可能会略带瓦味，这是正常现象；如果带火烧味、油味或人工着色味则不能购买，以免损害身体健康。
- 大部分茶友喜欢砂壶，因为砂器具吸水性强且不透光，外型也比较浑厚亲和。茶壶的质地以胎骨坚、色泽润为佳。
- 茶壶的重心决定着一把壶使用起来是否顺手，茶友在挑选时，可以往茶壶中注入约3/4的水，水平提起后再慢慢倾壶倒水来感觉这把壶是否顺手。
- 壶的精密度是指壶盖与壶身的紧密程度，一般优质茶壶的精密度都比较高，这样茶香才不会弥散。
- 一般来说，壶音频率较高的茶壶，宜配泡重香气的茶；壶音稍低者宜配泡重滋味的茶，茶壶与茶相适应，才能泡出一杯好茶。

○ 盖碗的选购和使用

盖碗较茶壶更易清理，更换茶叶也更加方便，所以有些茶友喜欢用盖碗泡茶。在挑选盖碗时要注意其大小、重量、形状，一般盖碗壁薄厚适中、杯沿外翻较大的比较好用，同时也要综合感觉持拿是否合手。用盖碗泡茶时，不要过于频繁地掀盖闻香，闻香时注意杯盖靠近鼻子即可，不要将杯盖碰到鼻子，以免令人有不洁之感。

○ 公道杯的选购和使用

公道杯可以避免茶叶长时间在壶中闷泡而产生苦涩口感，其材质有陶瓷、玻璃等，外观上分为无把柄型和有把柄型。选购时，公道杯的容积大小要与茶壶、茶碗相配，通常公道杯要稍大一些。如果想要操作方便，可以购买带把柄型的。另外，玻璃材质的公道杯更容易观察到茶汤的颜色。

使用公道杯时，由于杯壁较厚，要经过温烫后再使用，或者在夏季使用，因为其冷杯时散热比较快，茶汤容易凉。公道杯还可以在冲泡绿茶时充当凉水器，所以泡绿茶时可以准备两个公道杯。

○ 茶盘的选购和使用

茶盘的材质不同，适用范围也不一样，如果泡茶区经常更换，可以购买质地轻便的竹木茶盘，但竹木茶盘容易开裂；如果泡茶位置比较固定，则可以选购陶瓷材质的茶盘，经久耐用、不会变形，但易碎。茶友在选购前要明确自己的需求和喜好，有针对性地挑选。

茶盘用于盛接泡茶时所产生的废水，为了防止废水溢出，要及时清理，泡茶完毕后要做好茶盘的清洁工作，以延长其使用寿命。

茶具保养小常识

茶具是展现一壶好茶本质滋味的给力帮手，不仅要在购买时精挑细选，在日常保养上也要花一番心思，以下这些小常识茶友们不妨尝试一下，让茶具保养事倍功半。

细心的茶友会发现，茶具很容易沾染上茶垢，所以茶具保养的一个重要方面就是茶具的清洁，其实这一点很简单，关键在于习惯。每次喝完茶后，要将茶叶及时清理掉，并将茶具用清水清理干净，有助于茶具保持明亮光泽；如果茶具已经沉积了茶垢或染上茶色，清水洗不掉，此时可以挤少量牙膏，用手或棉棒将其涂在茶具表面，静置片刻再用清水冲洗，茶垢会很容易被洗干净。此外，还有一些事项，需要广大茶友注意。

- 多泡茶是一种茶具保养的方法，随着泡茶次数的增多，茶具吸收的茶汁就会增多，经过长时间的浸润，茶具表面会发出润泽如玉的光泽。
- 如果是紫砂壶，可以在泡茶前先冲淋热水，兼具去霉、消毒和暖壶三种功效，再用一条干净的细棉巾把壶身擦遍，即可利用热水的温度，使壶身变得更加亮润。
- 茶具尤其是茶壶最忌油壶，如不慎沾到必须马上清洗，否则茶壶吸收不到茶水，会留下油痕。
- 泡茶时不要将茶壶浸在水中，有些茶友认为这样可以起到保温的作用，实则会使壶身留下不均匀的色泽。
- 如果壶表淋上了茶汁，可以用软毛小刷子轻刷，再用水洗净，并用干净的茶巾稍加擦拭即可，切忌用力刷擦。
- 切忌使用洗洁精或化学洗涤剂清洁茶具，这样不仅会将茶具的茶味洗掉，甚至会洗掉外表的光泽。
- 茶具清洗干净后要完全晾干，妥善放在阴凉处，千万不要放在油烟多或者被太阳直射的地方，以防茶具开裂或变形。

研习技法 巧手泡好茶

择完好水、配好妙器，接下来就是泡茶这一项“重头戏”了，这既是一门技术，也是一门学问，投茶多少、泡茶水温、出汤快慢都会影响茶汤的品质，只有掌握其中的精妙技巧，才能真正喝上一杯好茶。

泡茶前的准备细节

不管是以茶待客还是泡茶给自己喝，要想品上一杯色、香、味俱佳的好茶，在泡茶之前有一些细节之处的准备工作，需要我们事先做好。

○ 体态

通常情况下都是坐着泡茶，要求泡茶者坐姿端正，双腿自然并拢，与地面垂直或偏向一侧倾斜，不要跷二郎腿或向前伸腿，以示礼貌；腰背自然挺直，显得人挺拔而有精神。

○ 双手

泡茶是一项通过双手完成的动作，因此手成了他人目光集中的部位，泡茶人的心情、修养都会从手上折射出来。在泡茶之前要洗手；泡茶人的指甲要修整干净；当手停止活动时，可以交叉放在腿间或轻搭在茶巾上，过于放松的双手、双肩或手部动作过多，会显得不雅。

○ 服饰

着装以舒适方便为主，如果穿连衣裙或长外套，坐下时要收好裙角或衣服下摆，以免在泡茶时受衣服牵拉影响手臂动作。另外，手上和腕上不宜佩戴太多饰品，以免操作不便。

○ 环境

大部分喜欢喝茶的人家中都有一个舒适整洁、适宜泡茶的环境，花草树木、盆景游鱼等能让人心情愉悦，放松的氛围有助于喝茶者品得茶之真味。

○ 音乐

如果在泡茶时喜欢有音乐相伴，不妨选择一些轻松舒缓的曲子，例如：古筝、钢琴、笛子等乐器演奏的音乐，婉转的曲调既能使人愉悦身心，也可以烘托品茶氛围。当然音乐的有无、选用，也可以根据泡茶和喝茶人的习惯而定，不用过于强求。

泡茶四要素

想要冲泡一杯好茶，就要根据不同茶类的特点，调整茶叶的用量、水的温度、冲泡时间和冲泡次数，只有这样，才能使茶的香气、色泽、滋味得以充分发挥。

○ 茶叶的用量

茶叶的用量因茶叶的种类、茶具大小、个人喜爱习惯等而有所区别。不过，一壶茶放多少茶叶，是有讲究的。投茶量可以根据茶壶大小，按干茶占茶壶的容积估算，这主要取决于茶叶的外形松紧，下面以小壶茶为例进行说明：

- 非常蓬松的茶，如普洱生茶、瓜片、粗大型的碧螺春等，放七八分满。
- 较紧结的茶，如揉成球状的青茶、条形肥大且带绒毛的白毫银针、纤细的绿茶等，放1/4 壶。
- 非常密实的茶，如剑片状的龙井、针状的工夫红茶、玉露、眉茶，球状的珠茶、碎角状的细碎茶叶、切碎熏花的香片等，放1/5壶。

对于初学者来说，除了按以上方法把握投茶量外，还可以使用茶秤来准确测量茶叶的克重，再多加练习，慢慢地就可以掌握好用茶量了。

另外，泡茶时讲究“细茶粗吃”“精茶细吃”，即细嫩的茶叶用量要多；较粗的茶叶，用量可少些。

○ 泡茶的水温

泡茶的水温因茶的老嫩、松紧、大小等情况而定。大致说来，茶叶原料粗老、紧实、整叶的，要比茶叶原料细嫩、松散、碎叶的茶汁浸出慢得多，所以，冲泡水温要更高。究竟选择何种泡茶水温，主要看泡什么茶。

- 高温（90～100℃）适合冲泡青茶，重揉捻；条索接近球状的茶，重焙火，色泽较黑、较暗的茶，陈年茶、老茶以及袋泡茶。
- 中温（80～90℃）常用来冲泡轻发酵、焙火不重的茶：芽茶，熏花茶、花茶以及碎叶茶等。
- 低温（75～80℃）主要适合泡绿茶类，如龙井、碧螺春等，其中，高档绿茶以75～80℃为宜，大棕绿茶可以稍稍提高几度。另外，黄茶也可以用低温冲泡。

有一点需要说明的是，无论用什么温度的水泡茶，都应将水烧开(水温达到100℃)之后，再以自然降温的方式冷却至所要求的温度。

○ 茶的冲泡时间

茶的冲泡时间与茶叶种类、茶叶老嫩、茶的形态、泡茶水温、用茶量和饮茶习惯有关系，不可一概而论。一般，凡原料较细嫩，茶叶松散的，冲泡时间可相对缩短；相反，原料较粗老，茶叶紧实的，冲泡时间可相对延长。

- 如用茶杯泡饮普通红、绿茶，每杯放干茶 3 克左右，用沸水约 150 ~ 200 毫升，冲泡时不宜加杯盖，以免闷熟茶叶，时间以 2 ~ 3 分钟为宜。
- 对于注重香气的青茶、花茶，泡茶时应加盖，以免茶香散失，且冲泡时间不宜过长，1 分钟即可。由于泡青茶时用茶量较大，因此，第一泡 40 秒就可将茶汤倾入杯中，自第二泡开始，每次应比前一泡增加 15 秒左右，使茶汤浓度不至于相差太大。

○ 茶的冲泡次数

不同茶叶由于其性质、松紧程度等的差异，具体的可冲泡次数有所差异，在冲泡时，可参照下文：

- 颗粒细小、揉捻充分的红碎茶和绿碎茶，一般冲泡 1 次即可将茶渣滤去，不再重泡。
- 名优绿茶由于芽叶较为细嫩，通常建议冲泡 2 ~ 3 次。
- 青茶有“七泡有余香”的美誉，可以连续冲泡 5 ~ 9 次，甚至更多。
- 大宗茶可连续冲泡 5 ~ 6 次。
- 白茶和黄茶一般只能冲泡 2 ~ 3 次。
- 陈年茶，如陈年普洱茶，由于其所含的析出物释放速度慢，有的能泡到 20 多次。

泡茶的基本程序

做完准备工作，接下来就要开始泡茶，茶叶冲泡的基本程序有十项：备具、候汤、赏茗、洁具、置茶、洗茶、冲茶、斟茶、奉茶、品茶。不同地区、不同茶类会结合自己的特点，在此基础上有所增减和演变，但基本程序是一样的。

○ 备具

作为泡茶的第一项程序，茶具的优劣对泡茶有很重要的影响。一套好的茶具，不仅可以真实反映出茶的色、香、味，还能在品茶的同时，为饮茶者助兴。不同的茶需要选用不同的茶具，例如青茶冲泡适用紫砂茶具；高档绿茶适用玻璃茶具；花茶适用盖碗茶具。当然，也有同一茶类茶具也有不同的情况，这是受不同地区和不同的泡法的影响，如青茶冲泡，潮汕地区习惯以盖碗代壶，我国台湾地区则习惯用闻香杯闻香。

饮茶人数决定了茶壶大小和茶杯数量的选配，除了壶、杯、碗、盏等主要茶具外，还需准备茶盘、烧水炉具或电煮水器、茶叶罐、茶叶、赏茶荷、茶道组合（包括茶漏、茶则、茶匙、茶针、茶夹）、壶垫、公道杯（茶海）、茶巾、水盂、奉茶盘、茶托等。茶具的颜色应配套和谐，各件茶具按规定摆好位置。

○ 候汤

候汤即烧水，包括取水、点火、煮水。前文我们介绍过泡茶用水的选择标准，软水适合泡茶，建议泡茶者选用山泉水、纯净水等；为节约时间，可先用电炉将水烧到8～9成开，再倒入烧水壶或电煮水器，采用仿古风炉烧水更有情趣。同时，还要注意水烧开的程度，前文我们也介绍过相关知识，不能过老或过嫩，以二沸为宜。

○ 洁具

用烧开的热水烫淋茶壶和茶杯，既能起到清洗茶具的作用，同时还能提高壶温，有助于泡茶。如果是冬天，热水淋壶不可缺少，否则100℃的沸水倒入茶壶中只有85℃左右，水温过低，茶叶冲泡不完全，就会影响茶汤滋味，这一点对于需要高温冲泡的茶叶，如青茶来说尤为重要。

- 台式青茶洁具时，先将热水倒入茶壶中直至溢满，并淋洗壶盖、壶身。为了节约开水，可用烫壶的开水倒入茶海，再从茶海倒入各个闻香杯，然后用茶夹依次夹住闻香杯将水倒入品茗杯，最后用茶夹夹住品茗杯，将品茗杯里的水倒入茶盘。
- 闽式青茶的茶具有小壶、圆形茶盘、品茗杯，没有闻香杯、茶海。洁具时，同样是先淋洗茶壶内里、壶身和茶盖，然后将茶壶里的水倒入品茗杯，洗杯时，不是用茶夹，而是用手将一个杯放在另一个杯里转动洗杯，称之为“白鹤沐浴”。
- 潮汕青茶洁具跟闽式青茶洁具相似，不同的是用茶盏（盖碗）代替了小壶。

○ 赏茗

赏茗即观赏干茶，泡茶者正确估计用茶量，并用茶则或茶匙将茶叶从茶罐拨入赏茶荷中，双手端起赏茶荷，伸向客人，请其赏茗。

- 先观茶色，白色的瓷质赏茶荷最能衬托出茶叶的颜色和形状。
- 再赏其形，针状的君山银针，扁形的龙井茶，卷曲的碧螺春等，形状各异，千姿百态。
- 最后闻茶香，如绿茶的清香、红茶的醇香、青茶的花香、黑茶的陈香等，各有千秋。

○ 置茶

置茶也叫作投茶，茶叶的用量一般为茶壶的1/3 至1/2，并根据喝茶人的口味喜好和茶类进行调整。如果所用的茶壶没有过滤的小孔，置茶时可以有意将粗一点的茶置于壶流处，碎茶放在中间，以防壶嘴被堵塞。

○ 润茶

润茶又叫作温润泡，以青茶为例，右手执随手泡，将100℃的沸水“高冲”入壶，盖上壶盖，淋去浮沫，15秒钟内立即将茶汤倒入水盂或茶海，尽量倒干净，为下一步淋壶用，相比较开水，茶水淋壶要好得多，因为能养壶。茶叶的第一次冲泡一般都不喝，其作用是洗去茶叶中的灰尖，而且茶叶经温润后，芽叶舒展，茶香容易挥发，为正式冲泡打下基础。高档绿茶的温润泡，一般用中投法，先倒入茶杯的1/5的水量，再倒入茶叶，同时用手握杯，轻轻摇动，时间一般控制在15秒钟左右。

○ 冲茶

正式冲泡茶叶，泡茶者执水壶将开水冲入茶壶或茶杯中，两者泡茶的技巧有所不同，具体如下：

- 壶泡多以“高冲”手法冲茶，又称“悬壶高冲”。以水冲击茶叶，使其在壶中尽量上下翻腾，茶汤才能均匀一致，激荡茶香。壶泡法在水至壶口时断流停冲，可见一层泡沫集聚在壶口，用壶盖刮沫盖壶，称“春风拂面”，再用开水或上一次洗茶水淋壶，称“重洗仙颜”，一般第一泡茶的时间为1分钟左右。
- 杯泡一般以“凤凰三点头”手法冲茶，泡茶者在冲泡时，由低向高将水壶上下连拉三次，最后能够使杯中水量恰到好处（七分满）时断流停冲。这种冲法可使喝茶者欣赏到茶叶在杯中上下翻滚的美姿，而且茶汤均匀一致，同时表示一种寓意礼，主人向客人三鞠躬。

○ 斟茶

斟茶又称分茶，指的是将泡好的茶汤分到每个品茗杯中，此步主要用于壶泡，杯泡没有这一步，且不同的壶泡法，其斟茶方法有所差异。

台式壶泡法采用“低斟”手法将茶汤注入茶海，称“匀汤”，将茶海中的茶汤分到各个闻香杯中，再将品茗杯倒扣在闻香杯上，称“扣杯”；然后“翻杯”将茶汤倒入品茗杯，闻香杯倒置于品茗杯中；最后将泡好的茶置于茶托，放在茶盘中。

闽南地区泡茶，因为茶叶使用量偏多，常常出现每壶茶汤的浓度前后不一致的现象。为了使茶汤浓度一致，闽式壶泡茶在斟茶时，常常会采用“关公巡城”和“韩信点兵”的手法。

- 先将茶杯相互靠拢，斟茶时提壶来回循环洒茶，以保证茶汤浓度均匀一致，称之为“关公巡城”。
- 最后留在茶壶中的茶汤，是最精华醇厚的部分，要分配均匀，泡茶者会采用点斟的手法即将壶上下抖动，分别一滴一抖，一滴一杯，一一滴入各个茶杯中，称“韩信点兵”。

○ 奉茶

茶分好后，泡茶者要面带微笑，双手端起茶杯或盖碗，送到客人面前。如果从客人侧面奉茶，要按照左侧奉茶，左手端杯，右手做请用茶姿势；右侧奉茶，右手端杯，左手做请用茶姿势。此时，客人可以用右手除拇指外其余四指并拢弯曲，轻敲桌面，或微微点头，以示谢意。

○ 品茶

最后是品茶，一般先端杯闻香，仔细嗅闻茶叶冲泡后散发出的幽幽茶香；然后察形观色，欣赏茶叶在杯中舒展的姿态，茶汤色泽明亮悦目；最后细品慢饮，享受茶汤与味蕾交触迸发出的茶之滋味，仔细感受还能回味到茶汤的韵味。

泡茶的基本方法

不同茶类所适用的茶具不同，其冲泡方法也不相同，以下几种泡茶方法较为常见，可供茶友参考。

○ 玻璃杯泡法

玻璃杯无色透明，用其泡茶时茶友们可以充分观赏茶叶在水中变化的优美姿态以及茶汤的色泽变化。而且玻璃材质不会吸收茶叶的味道，可使茶汤的味道更香浓。外形秀丽、色泽翠绿的高档名优绿茶，如西湖龙井、洞庭碧螺春等，一般用玻璃杯冲泡。

|适合茶类|

绿茶、黄芽茶、白茶、玫瑰花茶等。

|准备茶具|

玻璃杯、茶盘、茶荷、茶匙、茶巾、煮水器。

|冲泡步骤|

温杯 将热水倒入玻璃杯中，至1/3处。左手托杯底，右手握杯口，倾斜杯身，使水沿杯口转动一周，再将温杯的水倒掉。

置茶 用茶匙把茶荷中的茶叶轻轻拨入玻璃杯中，使茶叶均匀地散落在杯底，根据茶杯大小，掌握好投茶量。

浸润 待水温降至80℃时倒入杯中，至杯子容量的1/4，接着右手握杯，左手中指抵住杯底，轻轻旋转杯身，让茶叶浸润10秒钟，促使茶芽舒展。

冲茶 利用手腕的力量，以“凤凰三点头”式手法冲水——冲泡时由低向高将水壶上下连拉三次，使水柱充分击打茶叶，加水至七分满时断流停冲。

奉茶 将泡好的茶用双手端给宾客，并做出请喝茶的姿势。

○ 盖碗泡茶法

细心的茶友会发现，用盖碗泡茶，揭开盖子时茶香会扑鼻而来，这是因为盖碗有较好的聚拢香气的作用，所以很适合冲泡香气较足的茶类，例如：青茶或者花茶。盖碗也可以用来冲泡绿茶，但一定不要加盖，否则芽叶会被闷黄。

适合茶类

茉莉花茶、工夫红茶、普洱生茶、铁观音等。

准备茶具

盖碗、公道杯、过滤网、品茗杯、茶盘、茶夹、茶荷、茶匙、茶巾、煮水器。

冲泡步骤

温杯 将烧开的沸水倒入盖碗中，再将盖碗中的水倒入公道杯中，待公道杯温热后将水倒出。

置茶 用茶匙把茶荷中的茶拨入盖碗中，投茶量约为盖碗容量的1/4 。

润茶 盖碗中充水至八分满，盖上盖子，将茶汤滤入公道杯中，要注意手法。将大拇指和中指放在盖碗口沿，食指按在盖纽上，其他手指尽量不要碰碗身和盖子，拿起盖碗后让茶水沿着拇指的方向倒进公道杯中。

洁具 将公道杯中的茶汤倒入品茗杯中，并借助茶夹清洗，再将洗杯的水倒入茶盘中。

冲水 盖碗中再次冲入约八分满的水，盖上茶盖，闷泡一分钟左右。

斟茶和奉茶 将茶汤滤入公道杯中，再将茶汤倒入各品茗杯中至七分满，双手端给宾客品饮。

○ 紫砂壶泡法

相比较其他材质的茶具，紫砂壶具有气孔微细、气密度高，透气性和吐纳性好的特点，用其泡茶能充分显示茶叶的香气和茶汤滋味，再加之其保温性较强，用于那些需要高水温冲泡的普洱、铁观音、大红袍等再适合不过了，而且随着泡茶次数的增多，紫砂壶的效果也会越来越好。

|适合茶类|

普洱茶、铁观音、大红袍等。

|准备茶具|

紫砂壶、公道杯、过滤网、品茗杯、杯托、茶船、茶夹、茶荷、茶匙、茶巾、煮水器。

|冲泡步骤|

温壶 将紫砂壶放在茶船上，用沸水冲淋茶壶内外，以温热壶里、壶壁和壶盖。

置茶 用茶匙把茶荷中的茶轻轻拨入茶壶中，投茶量约占茶壶容量的1/3至1/2左右。

润茶 将沸水“高冲”入壶，至溢出壶盖沿为宜，并用壶盖轻轻旋转刮去浮沫。

温杯 一手提壶一手按住壶盖，将壶中的水滤入公道杯中，再把公道杯里的水倒入各品茗杯中。

冲茶 再次以“高冲”的方式往壶中注入沸水至溢出壶盖沿，盖上壶盖，用热水冲淋整个茶壶，以保证泡茶水温的恒定；浸泡2分钟左右，把茶汤滤入公道杯中，尽量倒干净。

斟茶 弃倒温热品茗杯中的水，然后把公道杯中的茶汤倒入各品茗杯至七分满。

奉茶 将品茗杯放在杯托上，双手端给宾客品饮。

○ 瓷壶泡法

瓷壶制作精美、质地坚密，不仅能使泡出的茶香味清扬，其透白的壶里还可以很好地衬托出茶汤的明亮色泽，因此成为很多茶友偏爱的一类茶具。用小容量瓷壶冲泡高档红茶、青茶，可保证茶汤的品质；又因其保温性好，故大容量瓷壶适合在人数较多时，冲泡大宗红茶、绿茶等。

|适合茶类|

红茶、绿茶、青茶等。

|准备茶具|

小瓷壶、公道杯、过滤网、品茗杯、茶盘、茶夹、茶荷、茶匙、茶巾、煮水器。

|冲泡步骤|

温杯 将沸水倒入瓷壶内，温壶后将水倒入公道杯中，然后再将公道杯的水倒入品茗杯中。

置茶 用茶匙将茶荷中的茶叶拨入壶中，使其均匀地散落在壶中。通常情况下，红茶的投茶量约3克；青茶的投茶量可占壶容量的1/4至1/3 。

冲茶 以回旋高冲的手法向壶中冲水至满，盖上壶盖，泡1～2分钟。

备杯 用茶夹将温热品茗杯的水倒入茶盘中，再用干净的茶巾拭净水渍。

斟茶和奉茶 将茶壶中泡好的茶汤倒入公道杯中，尽量倒干净。再将公道杯中的茶汤分倒入各品茗杯中至七分满，双手端给宾客品饮。

不同茶类的冲泡技巧

其实，要想泡好一杯茶并不是一件易事，不同的茶类有不同的冲泡方法，即使有些茶是同一类，但由于习俗或者地域的不同，冲泡方法也可能不一样。所以，我们有必要掌握茶叶的冲泡技巧。

○ 绿茶的冲泡技巧

很多人之所以爱喝绿茶，有的是注重其养生功效，有的则偏爱于茶之滋味，不管是哪种原因都要知道绿茶的冲泡技巧，才能使茶叶的品质充分发挥出来。

水温	如果是要冲泡普通的大宗绿茶，水温以90～95℃为宜；细嫩的名优绿茶以80～85℃为宜；冲泡特别细嫩的名优绿茶，水温则要控制在75～80℃，水温过高会把芽叶烫熟
投茶量	单杯泡绿茶，茶水比例以1:50为宜，即1克茶叶用水50毫升；分杯泡绿茶，茶水比例1:30
茶具选配	根据茶叶品质选配茶具，大宗绿茶的茶叶较老，耐冲泡，可以选用瓷壶或盖碗冲泡；名优绿茶具有较高的观赏性，建议使用透明玻璃杯冲泡，便于欣赏茶叶在水中的姿态变化
冲泡时间	单杯冲泡绿茶浸泡约1～2分钟即可品饮；分杯泡绿茶，前两泡30秒即可出汤分杯品饮，之后每泡延长10～15秒
冲泡次数	单杯冲泡绿茶一般只冲泡2～3道；分杯泡，一般可泡3～4次
品饮方法	品饮第一泡“头开茶”时，要着重欣赏茶叶在水中姿态变化，小酌慢饮感受茶汤散发出的茶香和茶味；第二泡“二开茶”，茶汤最浓，入喉后会给人舌底生津、唇齿留香的感觉，还有回甘；到了第三泡，茶汤的滋味已经变淡，此时可以吃些茶点，来增加喝茶的兴趣
其他	绿茶的冲泡过程中有三种投茶法，分别是上投法、中投法和下投法。上投法：先冲水至七分满，然后投茶，待其徐徐下降。碧螺春等嫩度好的名优绿茶宜采取上投法。中投法：冲水至三分满，然后投茶，轻轻转杯待茶吸水伸展，再冲水至七分满。大部分名优绿茶宜选用中投法。下投法：温杯后，先将茶叶投入杯中，再倒水至1/3，待茶叶完全濡湿后冲水至七分满。六安瓜片等茶条舒展的绿茶适合下投法

○ 红茶的冲泡技巧

泡茶看似简单，放些茶叶，再倒点热水，其实并不是如此简单，要想品尝到红茶的特有韵味，在泡茶时就要掌握一定的技巧。

水温	红条茶用90℃的水冲泡，红碎茶则用100℃的水冲泡
投茶量	单杯泡，茶水比例1:50；分杯泡1:40；壶泡法1:80至1:60
茶具选配	冲泡工夫红茶宜用瓷器茶具，红碎茶则建议用紫砂壶或茶壶。分杯法还需要用到公道杯、品茗杯、过滤网、水盂、茶巾
冲泡时间	单杯冲泡，2分钟左右即可品饮，杯中余1/3茶汤时续水；分杯泡，第一泡1分钟即可出汤，第二泡起，每一泡增加约15秒
冲泡次数	红条茶单杯泡可冲泡3次，分杯泡4～5次；红碎茶只冲泡1次
品饮方法	品饮红茶分为清饮法和调饮法，所谓清饮就是品味红茶本身的香气和滋味，调饮则是在泡茶的茶汤中加入奶、糖、柠檬汁等以佐汤味，或者放于冰箱中制成不同滋味的清凉饮料
其他	为了避免红茶香味丧失，冲泡时最好加上盖子。好的红茶冲泡几次后味道会变淡，可提高水温加盖闷泡几分钟，依然能品味到红茶的香气和韵味

○ 青茶的冲泡技巧

青茶冲泡时应先闻其香后尝其味，茶叶用量、泡茶的水温、泡茶次数等都会影响到茶香，因此十分讲究冲泡方法。

水温	接近100℃的沸水
投茶量	茶水比例通常为1:30至1:20
茶具选配	紫砂壶（杯）、瓷壶（杯）、白瓷盖碗、公道杯、闻香杯、水盂、过滤网、茶巾
冲泡时间	青茶的发酵程度决定了其冲泡时间，轻发酵青茶第一泡40秒左右可出汤，第二泡30秒，以后每次冲泡均应延时15秒左右；重发酵青茶第一泡即冲即出，第二泡10秒即可出汤，以后每次延长10秒左右
冲泡次数	可泡3～5次，好的青茶应“七泡有余香，九泡不失茶真味”
品饮方法	随泡随喝，先嗅其香，再试其味
其他	青茶除了正常以热水冲泡外，还可以用冰水冲泡。在容量为1升的瓷质茶壶中投入15克左右的青茶，用温水润茶，沥尽后冲入低于20℃的冷开水，放入冰箱冷藏4小时即可

○ 黑茶的冲泡技巧

黑茶具有促消化、延缓衰老、预防心血管疾病等功效，对人的身体大有裨益，但很多人不知道黑茶怎样喝比较好，下面就介绍一下冲泡黑茶的正确方法。

水温	100℃的沸水冲泡或煮饮
投茶量	一般黑茶的茶水比例为1:50至1:30，也可以根据茶原料和个人口感调整；如果选择煮饮，茶水比例一般控制在1:80左右
茶具选配	用陶壶或瓷盖碗冲泡，用白瓷、玻璃等品茗杯品饮；如果是茶砖或茶饼，还要准备茶刀
冲泡时间	冲泡黑茶一般需快速润茶1～2次，前几泡都宜及时出汤，后几泡一般根据茶叶年限、品质酌情掌握冲泡时间
冲泡次数	一般可冲泡7次以上
品饮方法	小口酌饮才能品味到蕴藏在黑茶茶汤味道中的茶香，如果茶汤温度过高，可以先薄薄地吸饮品茗杯最上层的茶汤
其他	和红茶一样，黑茶也可以加入牛奶、盐、糖等调味品，其中奶茶最为常见。先将黑茶敲碎装进一个可扎口的小布袋，扎紧袋口，投入沸水中，熬煮5～6分钟后将茶汤滤出，再加入相当于茶汤1/5至1/4的鲜奶调匀即可

○ 白茶的冲泡技巧

白茶作为我国茶类中的特殊珍品，其茶汤黄绿清澈、滋味清淡回甘，只是在冲泡时必须掌握一定的技巧，才能将其所具有的特性体现出来。

水温	以90℃的水为宜。寿眉叶粗，不易出味，可用100℃的沸水冲泡
投茶量	茶水比例以1:30为宜
茶具选配	可用玻璃杯、盖碗或陶壶冲泡，也可以用铁壶煮饮
冲泡时间	冲泡白茶多用分杯法，第一泡大约2～3 分钟后出汤，分杯饮用
冲泡次数	一般可以冲泡7～8次
品饮方法	由于白茶的茶味较淡，因此适合清饮，细品慢饮感受茶之真味
其他	不只是泡茶，白茶还可以煮饮和冷泡。如果是5年以上的老白茶，可以先用热水泡两泡，然后按1:80的茶水比例再加一次热水，放在慢火上煮；如果选择冷泡，先投茶还是先放水都可以，投茶量以1克为宜，可将茶放入矿泉水瓶中，拧上瓶盖，3～4小时后即可饮用

○ 黄茶的冲泡技巧

在制作黄茶的过程中，会产生大量的消化酶，此类物质能够化积消食，对脾胃有好处，因此受到很多茶友的喜爱，那如何冲泡黄茶，才能让其功效发挥出来呢？

水温	以80～90℃为宜
投茶量	单杯泡，茶水比例为1:50，分杯泡，茶水比例为1:30
茶具选配	黄芽茶和黄小茶宜用玻璃杯单杯冲泡，黄大茶宜用瓷壶冲泡
冲泡时间	单杯冲泡浸泡约1～2分钟即可品饮；分杯冲泡，前两泡30秒即可出汤分杯品饮，之后每泡延长10～15秒
冲泡次数	单杯冲泡一般只冲泡3次；分杯泡，一般4～5次；如果是紧压黄茶，可冲泡7次以上
品饮方法	黄茶适合清饮，先欣赏茶叶的婀娜姿态，再慢慢啜饮，品味清悠淡雅的茶香和清醇鲜爽的茶汤
其他	冲泡时先快后慢地注水，大约到1/3 处，待茶叶完全浸透，再注水至七分满。每一泡饮到剩下1/3 时续水，这样每泡的茶汤口感更佳

○ 花茶的冲泡技巧

关于花茶的冲泡方法，很多人都存在偏差，以泡茶水温为例，如果温度过高既会影响其营养成分，还会让茶汤滋味变差，下面就介绍一下花茶的正确冲泡方法。

水温	视茶坯种类而定，如果茶坯为细嫩绿茶，则水温以80℃为宜；如果茶坯为黑茶，则必须用沸水
投茶量	茶水比例应根据茶坯调整
茶具选配	建议选用瓷盖碗或者透明的玻璃杯泡茶
冲泡时间	依茶坯而定
冲泡次数	由茶坯种类决定
品饮方法	喝茶前先将茶杯靠近鼻端，细闻茶香；品饮茶汤时可以将茶汤在口中停留片刻，从而充分感受茶的味道
其他	如果想要使花茶的花香物质充分浸出，又不会迅速消散，可以在花茶冲入热水后加盖闷泡；如果想要制作出口感丰富、功效全面的花茶，可以尝试将多种花茶或者花茶与茶叶进行搭配

第四章

细啜慢饮品佳茗

选茶有方，
泡茶有法，
品茶亦有道。
要想品得茶之妙趣，
就要掌握必要的品茶技巧。

学会品茶方法

品茶，不单是感受茶味的过程，同时也是一种优雅和闲适的艺术享受，不仅要有上好的茶叶、洁净的器具、适宜的冲泡方法，还要有雅致的环境和平和的心境，更重要的是要懂得如何品味茶的美。

喝茶与品茶的不同

中国人饮茶，有“喝茶”与“品茶”之分，虽然二者都是把茶水喝到肚子里，但它们之间存在明显的差异。

○ 喝茶

一般来说，喝茶主要是为了解渴，强调随意，往往采用的是大口急饮快咽的方式。例如老北京街头的大碗茶，店家把熬煮好的茶汤倒入粗瓷大碗中，口渴的行人路过“咕咚咕咚”喝上一大碗解渴，喝茶时十分随意，无需顾及那些形式，即使是讲究的文人雅士也有随意粗放地喝茶的时候。可以说喝茶是人体生理的需要，又或者说，它仅仅满足了人们对物质的一种需求。

○ 品茶

品茶则不同，重在意境和一个“品”字，其中包含的意蕴不仅是品鉴茶水的优劣，更带有神思遐想和领略饮茶意趣的意思。品茶是要花时间的，需要细品慢饮，小抿一口，平心静气，摒弃世俗杂念，全身心地体会茶水的甘美，于茶的苦、涩、甘中修身悟道，获得精神愉悦。这种重在精神层面的饮茶方法，其妙难以言传，却传承千年，所倚仗的就是人们对艺术与精神享受的追求。

喝茶和品茶是由物质到精神的递进深入，两种饮茶方式无好坏之分，都是中国茶文化的一部分。中国茶文化博大精深，既是物质的，也是精神的，无论是追求意境的“品茶”，还是解渴的“喝茶”，茶都是不可缺少的。

惬意品茶四要素

品茶有四要素：观茶色、闻茶香、品茶味和悟茶韵。不同的茶有不同的色、香、味、韵，需要细细品啜，感受其独特的颜色、香气、味道及茶韵，更要用心品赏，丰富其文化内涵，使品茗成为一种艺术和精神的享受。

观茶色

观察茶汤的色泽是品茶的重要环节。茶叶的色泽里面，最美丽、变化最多的就是茶汤的颜色。当热水注入，只见茶叶在水中上下翻腾，茶芽随之舒展，茶叶的所含物质渗出，慢慢在杯中扩散，一点一点直至蔓延到杯中的每个角落，茶汤颜色也随之由浅转深。由于茶汤中的茶多酚与空气接触会很快氧化，茶汤容易变色，因而要及时欣赏汤色。

欣赏汤色主要是看茶汤是否清澈透亮，并具有该品种应有的色彩。各类茶叶各具特色，不同的茶类又会形成不同的颜色。绿茶的汤色或浅绿清澈，或嫩绿明亮；红茶的汤色或金黄透亮，或红润透亮；白茶的汤色浅杏明亮；黄茶的汤色杏黄明净；黑茶的茶汤或褐红醇厚，或酒红明亮，或橙黄明亮；青茶的茶汤从明亮的浅黄、明黄到橙黄、橙红都有。

无论什么种类的茶叶，其汤色都应该是透亮的。一杯透亮的茶汤，看了就让人舒服，喝起来更是身心两悦，如此得品饮之乐。有的茶叶本身品质不佳或因存放不当，泡出的茶汤黯淡无光或浑浊不清。有时同一种茶叶，如果使用不同的茶具和水冲泡，茶汤也会出现色泽上的差异。

闻茶香

茶总有一股特别的清新香味，这是各种天然芳香物质集中于茶叶的缘故，故茶叶又有“香茗”之称。闻香也是品茗的一个重要环节。茶叶冲泡后，闻茶汤散发的香气通常有热闻和冷闻两种方法。

热闻是趁热闻茶汤的香味，随着热水倒入茶壶，茶香立即轻轻弥漫开来。不同的茶叶具有各自不同的香气，会出现清香、板栗香、果香、花香等，每种香气又分为清高、馥郁、纯正、平和等多种香型。茶叶中的芳香物质的挥发速度一般与温度成正比，即水温越高挥发得越多越快，水温低时挥发得少而慢。对于高香的茶类，如青茶，除了需用沸水冲泡外，还需淋壶，以增加温度，使茶香充分发挥出来。

冷闻是待茶汤温度降低后闻茶盖或杯底留香，冷闻可以使用闻香杯。闻香杯主要用于青茶的台湾泡法，与品茗杯搭配使用，以更好地欣赏青茶的香味。茶汤泡好后，将其倒入闻香杯中；然后将品茗杯倒扣在闻香杯上，用手将闻香杯、品茗杯托起，并迅速将闻香杯倒转，使闻香杯倒扣在品茗杯上；然后轻轻旋出闻香杯，使茶汤倒入品茗杯；将闻香杯杯口朝上，送至鼻端闻香，也可用双手夹住闻香杯，靠近鼻端，一边闻香，一边搓动，使杯中香气得到充分的挥发。若不使用闻香杯，也可以半掩茶壶盖，闻一闻壶缘的味道。

茶香如佳人，仔细感受，只觉清新可人，韵味悠长，让人说不出的轻松快慰。品质较好的茶，即使茶汤冷却之后，依然会散发出优雅的香气，持久不散，清爽不混杂。

品茶味

清代才子袁枚曾说："品茶应含英咀华，并徐徐咀嚼而体贴之。"意思是说品茶时，应将茶汤含在口中，像含着一朵鲜花一样慢慢咀嚼，细细品味，吞下去时还要注意感受茶汤过喉时是否爽滑，体会那份妙不可言的滋味。

"人生百味，茶亦百味"，茶之味主要有"苦、涩、甘、鲜、活"。苦，是指茶汤入口，舌根感到类似奎宁的一种不适味道；涩，是指茶汤入口有一股不适的麻舌之感；甘，是指茶汤入口回味甜美；鲜，是指茶汤的滋味清爽宜人；活，是指品茶时人的心里感受到舒适、有活力。在此基础上，茶的滋味还有鲜爽、浓烈、醇爽等。我国的茶品种繁多，不同的茶有不同的滋味特点，另外每个人的口味也不尽相同，一泡茶给不同的人喝会得到不同味道。

品茶，茶分三口为品，也就是说一杯茶要分三口品完。一饮而尽，那不是品茶，而是"牛饮"。品鉴茶之味主要靠舌头，因为味蕾在舌头的各部位分布不均，所以在品茗时应小口细品，茶汤入口后不要立即下咽，而要在口腔中停留，以舌头在口腔中来回打转，让茶慢慢与口中的味觉细胞充分接触，品尝茶的味道是浓烈、鲜爽、醇厚、醇和还是苦涩、淡薄、生涩，让舌头充分感受到茶汤的甘、鲜、苦、涩。待鼻子呼出口中气味后，再将茶慢慢咽下，体会喉韵和回甘。

浮生难得半日闲，沏上一壶茶，细品慢饮，从舌间到两侧，再到舌根，感受其中滋味，淡里幽香，苦中有甜，涩里有醇。在默默地品味之中，脱去修饰和浮躁，感悟着人生的真谛，得到思想的顿悟、境界的升华。

悟茶韵

茶韵是品饮茶汤时所得到的特殊感受，是一种茶的品质、风格，表明了茶在同类中的最高品位。待到茶汤与味蕾充分接触，轻缓地咽下，此后便是悟茶韵的过程了，茶的醇香味道以及风韵之曼妙就全在这个过程中自己体会。

茶汤的色泽、香气、滋味、气韵，称为“茶汤四相”，而我们对“茶汤四相”的感受就称为茶韵。茶品不同，品尝之后所得到的感受自然也不同，也就是说，不同种类的茶带给人不同的“韵味”。比如，安溪铁观音有花香浓郁、入口爽滑、回甘带甜的“音韵”，武夷岩茶有岩骨花香的“岩韵”，西湖龙井有清新醇美的“雅韵”，午子绿茶有幽香袭人的“幽韵”，普洱茶有陈香浓郁的“陈韵”，黄山毛峰有清香的“冷韵”等。

虽然名茶各具“韵味”，但茶韵到底是什么却只可意会不可言传。唐代诗人卢仝的《七碗茶》中描绘了他自己感悟到的茶韵：“一碗喉吻润，二碗破孤闷。三碗搜枯肠，唯有文字五千卷。四碗发轻汗，平生不平事，尽向毛孔散。五碗肌骨清，六碗通仙灵。七碗吃不得也，唯觉两腋习习清风生。蓬莱山，在何处？玉川子，乘此清风欲归去。”

卢仝品茶品出了“肌骨清”“通仙灵”“两腋清风生”“乘此清风欲归去”的感受，但这只是他自己的心领神会，他人并不一定能感同身受。鉴赏各类名茶的茶韵，需要在幽静的氛围里，闻着淡淡的茶香，慢慢品尝，仔细体味，只要将思绪完全融入茶中，细品人生的味道，就能感悟到自己独特的茶韵。

品茶的专有名词

平日里三五好友相约，端起茶杯总免不了品评一番，初喝茶的人常常会用“好喝”来评茶，而老茶客品起茶来则滔滔不绝，说起一些专有名词，让人觉得很有道理又韵味极深。刚入门的茶友不妨自主学习一些品茶的专业术语，可以帮助自己更好地理解茶味，品出意境。

○ 茶舞

冲泡绿茶或白茶时，倒入热水之后，茶叶条索舒展，在水中上下飞舞，少顷徐徐沉入水中，或如金枪直立而下，或似散花曲折徘徊，姿态十分优美，茶客将此称为茶舞。

○ 音韵

品质较好的铁观音带有兰花香，花香浓郁持久，茶汤入口润滑且回味香甜，喝上三四道之后仍能感觉花香萦绕齿间，令人回味无穷，这份令人难忘的味蕾体验，便是铁观音的“音韵”了。

○ 陈韵

普洱茶在后发酵过程中，以茶多酚为主的多种化学成分在微生物和酶的作用下，形成了一些新物质，它们会产生综合香气，这是一种令人感到舒服的陈香，被称作“陈韵”。

○ 喉韵

喉韵简单来说就是喝茶之后，茶汤给喉咙带来的感觉，如普洱茶的喉韵可分为甘、润、燥。带有强喉韵的茶，大多属于满口回甘的茶，茶汤在满足了口腔内的味觉刺激之后，能够深入到喉部甚至让人产生食道和胃部发热的感觉。

○ 毫浑

像洞庭碧螺春、信阳毛尖等茶的茶汤会有一些微浑，其实是茶芽、叶背上自然生长的细小白毫，经水的冲泡后有部分自然脱落，悬浮在茶汤之中形成的，所以又被称为“毫浑”。一般茶毫会随着茶叶的生长而脱落消失，成熟度高的茶叶是不会有茶毫的，所以茶毫是原料细嫩程度的体现，有些茶品质越好茶毫越多。

○ 金圈

高档红茶冲泡后汤色红艳，白茶杯杯壁与茶汤接触处会有一圈金黄色的光圈，俗称“金圈”，茶黄素是形成金圈的主要物质，它对红茶的色、香、味及品质起着重要作用。因此“金圈”可以作为鉴别红茶优劣的重要感官指标，一般来说“金圈”越亮，红茶的品质越好。

○ 岩韵、岩骨

岩韵指的是武夷岩茶所具有的岩骨花香之韵，是武夷茶区的青茶独有的优良品质。其鲜叶经武夷茶传统制作工艺和加工形成的香气和滋味，在冲泡七八次之后依然有浓重的茶香。所谓“岩骨”，是一种味感特别醇而厚，能长时间留在口腔内、回味持久深长的感觉，又称“茶底硬”。

○ 冷韵

黄山毛峰有“清香冷韵状元茗”之称，在少量水浸润茶叶时，回旋轻摇数下，一股清幽雅香瞬间凝成茶雾，升了上来，继续注水，宜浅不宜深，一朵朵如花似玉般的茶芽簇拥在一起，浮在水面之上。由于低温的原因，褶皱着的茶叶尚未舒展，轻泛绿，浅含黄，惹人怜惜。阵阵嫩香逐渐弥散，吹开茶叶轻抿一口，清甘、润爽之极，是为“冷韵”。

○ 药香

药香是一些陈年老茶的香气特征，像保存得当的陈年老白茶用陶壶或铁壶煮饮，清幽的香气中略带毫香，还有淡淡的中药香味，是与新茶不一样的风味。药香浓郁通常是对一款陈年老茶香气的最高表达。

○ 其他常用评语

茶叶的外形、汤色、香气、滋味等因素都是人们对茶叶的评价指标，除了上述专有名词，鉴赏茶叶常用的术语还有哪些呢？不妨看看下面的表格：

鉴赏内容	常用评语
外形	紧结、粗壮、重实、平直、显毫、匀称、匀整、浑圆、扁平、卷曲、挺秀、紧秀、细嫩、身骨好
干茶色泽	翠绿、嫩绿、黄绿、乌润、黄褐、黑褐、猪肝色、棕红、乌黑、花杂
香气	清香、花香、高香、栗香、甜香、幽香、松烟香、馥郁、纯和、高火、火（焦）味、青味、闷熟味、浊气
汤色	嫩绿、黄绿、橙黄、黄亮、橙红、红亮、清澈、明亮、冷后浑、毫浑
滋味	鲜爽、甜爽、浓厚、浓强、浓烈、回甘、醇厚、醇和、甘滑、浓醇、涩口、苦涩、青涩、淡薄、水味
叶底	细嫩、柔软、匀齐、嫩匀、肥厚、开展、粗老、摊张、皱缩、暗杂、瘦薄、花杂、红亮、花青、红褐、青绿、红梗

正确品茶小知识

如今，品茶已经成为很多人重要的休闲方式，带给人身心的双重享受。但品茶时的一些宜忌小知识应该成为品茶爱好者需要特别注意的一个问题，以免因饮用不当出现令健康受损的情况。

○ 空腹时不宜饮茶

我国自古就有“不饮空心茶”之说，意思就是空腹不能饮茶。茶叶大多属于寒性，空腹品茶，脾胃就会出现受凉症状，造成食欲减退等情形，情况严重时，还会影响肠胃的消化功能，让人患上慢性肠胃病。此外，茶叶中含有咖啡因等生物碱，空腹饮茶会使肠道吸收咖啡碱的数量过多，刺激心脏，容易导致心悸、手脚无力等症状，还可能损害神经系统的正常功能。

品茶是为了充分享受茶叶带来的身心舒畅，如果因为空腹饮茶而造成身体机能损伤就得不偿失了。

○ 过烫的茶不宜喝

很多人都知道“茶要趁热喝”，于是生活中常有人在茶刚刚泡好之后就迫不及待地将其倒入口中，这种做法其实是不科学的，因为喝热茶与喝烫茶并不是一回事。

古人云："烫茶伤五内。"这说明，喝过烫的茶对人体的健康有害。太烫的茶水对人的喉咙、食管和胃产生较强的刺激，如果长期喝烫茶，容易导致这些器官的组织增生，产生病变，甚至诱发食管癌等恶性疾病。

那么饮热茶的温度到底多少才合适呢？有研究发现，只要不超过56℃，茶汤就不会将咽喉、食管等处烫伤，也不会对胃产生直接而强烈的刺激。因此为了避免饮过烫茶水引起的病变，可以让茶水凉至50℃左右时再饮用。

○ 饮茶不宜过量

有的人爱饮茶，达到了"生活中不能一日无茶"的地步，而且不限制自己饮茶的量，尤其是当遇到一款特别对自己味儿的茶时，有时候会忍不住，一杯接一杯地喝下去。饮茶同饮酒一样，不能过量，如经常大量饮茶，就容易出现心悸、高度亢奋、失眠等症状；而且茶叶中所含的利尿成分会对肾脏器官造成很大压力，影响肾功能；茶叶中的咖啡碱等在体内堆积过多，还容易损害神经系统。

一般来说，健康的成年人，若平时有饮茶的习惯，一日可饮茶6～10克，分两三次冲泡较为适宜。吃油腻食物较多、烟酒量大的人，也可适当增加茶叶用量，至于孕妇、儿童及神经衰弱者等人群不应饮茶。

○ 不饮隔夜茶

中国人讲究以茶待客，每当有客人来访，主家都会泡上一壶好茶招待。但有时客人走了，又没及时将茶水倒掉，隔夜茶就出现了。过了一夜的茶水还能喝吗？答案是否定的。

从营养的角度来看，隔夜茶因为经过了长时间的冲泡，茶中的营养元素如维生素C等已经丧失殆尽，茶多酚也已经氧化减少，留下的多为一些难溶解的有害物质，不宜再饮用。

从卫生的角度来看，隔夜茶容易变质。蛋白质和糖类属于茶叶的基本组成元素，但同时也是细菌的"温床"，茶叶经过一夜浸泡，尤其是在天气较热的夏季，很容易滋生腐败性微生物，使茶汤变质。

因此，为了身体健康着想，茶还是随泡随饮的好。但有时泡好的茶水未喝完，经过一夜就直接扔掉不是很可惜吗？其实，隔夜茶还有一些小妙用，可以“变废为宝”。比如清晨或饭后用隔夜茶漱口，可以清新口气，去除口臭；处理鱼虾等水产品后，用隔夜茶洗手，可以去除腥味；用温热的隔夜茶洗头或擦身，有助于止痒和防治湿疹。

○ 饭后不宜立即饮茶

很多茶友喜欢在饭后立即饮上一杯茶，当口中满是油腻之感，这时细品慢饮一杯茶，用茶的清爽去除口中油腻，别提有多惬意了。但这种做法其实对健康不利。

饭后立即饮茶会稀释胃酸浓度，影响酶原活化，使胃内的食物未经充分消化就进入十二指肠。食物中的营养物质吸收利用率降低的同时，还增加了肠胃负担，长此以往就会引发消化系统疾病。此外，茶中含有大量的鞣酸，鞣酸可以同食物中的铁发生反应，生成沉淀，阻止人体对铁的吸收。为了避免饭后立即饮茶带来的不利影响，建议饮茶时间与就餐时间间隔1小时。

○ 饭后宜用茶水漱口

饭后用茶水漱口有利健康，尤其是饱食油腻之后。饭后，口腔齿隙间常常留有各种食物残渣，其可经口腔内的生物酶、细菌等的作用，生成蛋白质毒素、亚硝酸盐等致癌物。这些物质会经过喝水、进食、吞咽唾液等口腔运动进入消化道，危及人体健康。饭后用茶水漱口，正好利用茶水中的氟离子和茶多酚，抑制齿隙间细菌的滋生，而且茶水还有消炎及抑制大肠杆菌、葡萄球菌繁衍的作用。因此，提倡饭后用茶水漱口。

○ 睡前尽量不喝茶

对于一些特殊人群来说，睡前尽量不要喝茶，例如：情绪容易激动、肠胃功能较差或者睡眠质量较差的人。之所以不建议睡前喝茶，是因为茶中含有咖啡碱成分，尤其是在前两泡茶汤中含量较多，此种物质具有较强的提神醒脑作用，会刺激神经引起兴奋感；饭后或者睡前饮茶，会冲淡胃液延长胃部“工作时间”，加重消化负担；茶具有利尿作用，睡前喝茶常常会造成夜间起夜、尿频、尿急，最终降低睡眠质量。可见睡前喝茶还是有一些弊端的，但一些具有安神助眠功效的茶饮，如薰衣草茶、白菊花茶等可以适当饮用。此外，可以用牛奶代替茶水，牛奶中含有的色氨酸可以镇静安神，消除紧张情绪，适合睡前饮用。

○ 服药后不宜立即饮茶

服药后不宜立即饮茶，茶叶中含有的咖啡碱、鞣酸、茶多酚等物质，很可能与药物中的某些成分发生作用，影响药效或者形成不溶沉淀物，使药物不被人体吸收。比如，含铁、钙、铝等成分的西药，茶水中的茶多酚会和药物中的金属离子发生反应；蛋白类的酶制剂药（如助消化酶），茶叶中的一些物质容易与酶反应，降低酶制剂药的活性；具有安神、助眠的镇静类药物，因茶叶中含有具有兴奋作用的咖啡碱，会与药性冲突，降低药效。因此一般认为，服药后2小时内不宜饮茶。

○ 发热时不宜饮茶

发热的时候身体多会感到极度缺水，而一些经常喝茶的朋友常常会选择喝茶解渴、补充水分，其实这种做法是不科学的。茶中的茶碱和鞣酸对发热病人是不利的。因为茶碱有使中枢神经兴奋、促进血液循环和使心跳加速的作用，继而使血压升高、体温升高。另外，鞣酸有收敛的作用，会影响汗液的排出，阻碍正常的排热。由于热量得不到发散，体温也不容易降下来。所以，发热病人不宜饮茶。不过，发热时可在医生的建议下适当饮用有促进散热功效的药茶，如柴胡茶、姜茶等。

不同茶类的品饮方法

整体而言，品鉴茶饮从干茶开始，到观叶底为止，茶之“品”自始至终从观色、闻香、品味三个方面进行，不同的茶类，品鉴的重点有所不同。

○ 绿茶

我国的绿茶名品繁多，从色、香、味、形到茶叶的名字都颇具风采。品饮前，可以先欣赏干茶的外形、色泽和香气。名优绿茶外形或条状，或扁平，或螺旋，或花形等，造型各异，千姿百态；色泽绿润；香气馥郁高长，令人一见倾心。

绿茶冲泡时多选用透明玻璃杯，方便观察茶叶在水中慢慢舒展、游弋沉浮的“茶舞”；冲泡片刻，汤面氤氲中夹杂着茶香，端杯细闻，给人心旷神怡的愉悦感；观汤色，绿明清澈，如果是名优绿茶，还能看见茶汤中细微的茸毫在闪光。

小口啜饮，让茶汤在口舌间慢慢地来回旋动，充分领略绿茶鲜爽可口的滋味。第一泡重在品尝绿茶的鲜味和茶香，第二泡感受绿茶的回味和甘醇，到了第三泡，一般茶水已经变淡，便不做过多要求。

○ 红茶

红茶的滋味醇厚，这决定了它相比其他茶类更具兼容性，所以品饮红茶又分为清饮法和调饮法两种。

清饮法不加入其他任何调料，一茶一水，就能冲泡出红茶的天然滋味与芬芳。清饮红茶的重点在于领略它的汤色、香气和滋味。品饮时首先观其汤色，红茶的汤色红艳明亮，给人温暖的感觉。闻其香气，是浓郁的花果香或焦糖香，有的还带有桂圆味、松烟香。入口的滋味则是甘甜醇厚，略带涩味。

中国人品红茶喜欢清饮，国外则大多喜欢调饮。在泡好的红茶茶汤中根据个人喜好加入牛奶、糖、蜂蜜、柠檬汁、香料、白兰地等配料以佐汤味，所添加的调料并没有种类和数量的限制，因此形成了口味丰富的调饮红茶。

红茶清饮就像一位天生丽质的美人，不用任何装饰就能散发出自己的天然韵味；红茶调饮就好比佳人略施粉黛，给人一种淡妆浓抹总相宜的别样“味道”。红茶清饮与调饮各具风采，让人“爱不释口”。

○ 青茶

青茶品饮的重点在于闻香和尝味，不重品形。品饮之后齿颊留香，回味甘鲜，好的青茶更是“七泡有余香，九泡不失茶真味”，因此受到很多茶友的喜爱。

品饮青茶强调热饮，用小壶高温冲泡，使“香不涣散”。冲泡片刻就能闻到茶香，茶香由起始的浓烈随泡数的增加而转淡，第一泡闻香主要判别香型、浓淡等，第二次冲泡则要判别香气强弱、品种香型，第三次冲泡闻香主要判别持久性。青茶的台湾泡法中惯用闻香杯闻香，别有一番情趣。

品饮青茶时，以拇指、食指握住品茗杯的杯沿，中指托杯底，以“三龙护鼎”之式执品茗杯。通常是啜入一口茶水后，用口吸气，让茶汤在舌的两端来回滚动而发出声音，让舌的各个部位充分感受茶汤的滋味，然后徐徐咽下，体会齿颊留香的感觉。三口饮毕，可持杯继续探寻杯底留香。

○ 白茶与黄茶

白茶是我国茶叶中的特殊珍品，品种少，产量低，上品白茶有白毫银针、白牡丹等；黄茶的产量同样比较少，代表品种有君山银针、蒙顶黄芽等。白茶与黄茶的茶性与绿茶有相似之处，品鉴方法可以参照绿茶。

像白毫银针、君山银针等上品茶叶，在泡茶之前，可以将干茶置于茶荷中观赏，白毫银针挺直如针，色白如银；白牡丹则绿叶夹着白色毫心，形似花朵；君山银针茶芽内呈金黄色，外层显露白毫，有如“金镶玉”；蒙顶牙黄茶条匀整，扁平挺直，色泽黄润，金毫显露。

冲泡上品白茶和黄茶时，宜选用无色透明玻璃杯，以观赏漂亮的汤色和茶芽在水中千姿百态的变化。像君山银针冲水后可见芽尖冲上水面，悬空竖立，状似鲜笋出土；吸水下沉时，如落花朵朵；最后茶芽沉入杯底，又似刀剑林立，再冲泡再竖起，能够三起三落，煞是好看。待茶泡好后，再闻香观色，新白茶的茶香清鲜纯正，茶味鲜爽可口；老白茶会带有淡淡的药香，口感醇厚清甜；黄茶香气清悦，滋味醇和。

○ 黑茶

黑茶是一种经过渥堆处理的后发酵茶，因原料较为粗老，多制成紧压茶，干茶外形粗大，颜色呈黑褐色或油黑色。黑茶茶品具有独到的黑茶发酵香，这是黑茶初制渥堆工艺的标志性香型，茯砖茶则有典型的菌花香，这是有别于其他黑茶茶品的特殊香气。保存得当的话，黑茶会越陈越香。

黑茶冲泡后，茶汤红浓厚重、陈香甘润。初尝者可能会觉得味道偏苦，浓醇的黑茶甚至有些难以下咽，但喝习惯之后就会喜欢上黑茶独特的滑、醇、柔、稠的口感，只觉得浓香可口，回味无穷。黑茶除了可清饮之外，也可调饮，在煮好的黑茶茶汤中加入奶、盐、糖等配料调匀，制成人们日常饮用的奶茶，对于尚未完全接受黑茶口感的人而言，这是一种很好的品饮方式。

○ 花茶

品质较好的高档名优花茶，如茉莉大白毫、茉莉龙珠、桂花龙井等，其外形有很高的观赏价值，品饮前可以先观察花茶的外观形态。

高档花茶和工艺造型花茶宜用玻璃杯冲泡，以欣赏茶胚精美别致的造型、在水中舒展的优雅姿态。如冲泡特级茉莉毛峰时，冲水后可欣赏到毛峰芽叶徐徐伸展、时升时降、舞于杯中、妙趣横生的景象。

冲泡后，先端杯闻香，花茶既有茶坯的清新，又融合了花朵的香气，具有独特的香味；再尝其味，小口啜入口中稍作停留，使茶汤在舌面往返流动，只觉花香、茶味珠联璧合，相得益彰。

营造惬意品茶环境

品茶是一门综合性的艺术，它不仅是茶客对茶汤、茶叶的品鉴，也指在细啜慢饮的过程中，达到美的享受，这就要求有一个优雅、惬意的品茶环境。不同的茶饮要和环境、地点相和谐，才能营造美学意境，享受茶艺人生。

品茶环境的要求

从古至今，诸多品茶者都对品茶环境有着严格的要求。明代徐渭在《徐文长秘集》中说：“茶宜精舍，云林，竹灶，幽人雅士，寒霄兀坐，松月下，花鸟间，清白石，绿鲜苍苔，素手汲泉，红妆扫雪，船头吹火，竹里飘烟。”追求的是一种天然的情趣和文雅的氛围，在这样的环境里，人可以感受到身心与自然的融合，获得彻底的宁静。

总的来说，品茶环境可以分为两大类——物境和人境，接下来我们将分别进行具体的介绍。

○ 物境——茶艺活动所处的客观环境

物境与茶艺活动的氛围直接相关。如果有好的环境，即使是普通的茶也会品出上好的味道来，纷乱的心情也会得到平静；反之，没有好环境，再好的茶、再细心的准备都会让品茶者觉得索然无味。

一般来说，品茶的物境由建筑物、园林、摆设、茶具等因素组成。这些因素的有机组成，才能形成良好的品茶环境。具体来说，包括以下内容：

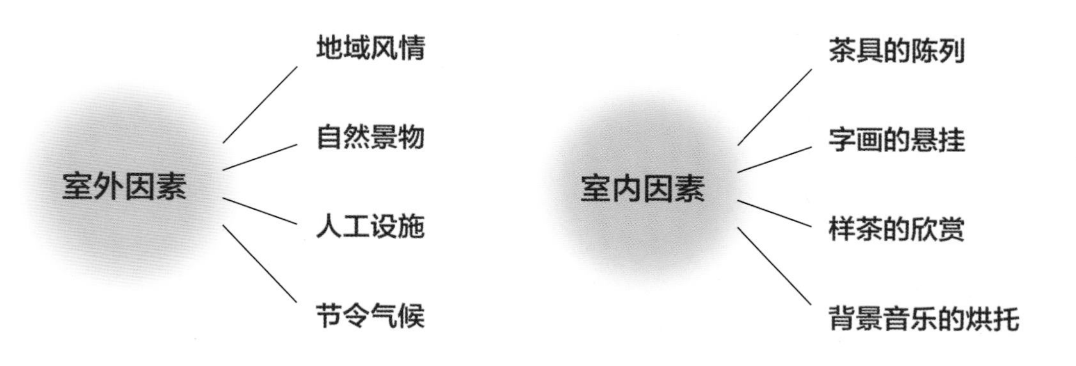

○ 人境——品茶的人数、人品和心境

茶艺是人与人之间的一种高水平交流，对于交流者的品位及现场的气氛十分讲究。相对于物境来说，人境是高一个层次的环境。它包括品茶的人数、人品和心境三方面，这三方面都会对饮茶的情境产生很大的影响。

首先，关于人数。历代茶人根据参加品饮活动的人数提出：独饮得神、对饮得趣、众饮得慧。所谓独饮得神，就是一个人品茶，实际上是茶人与茶的对话，这是古今品茶人最认可的体验；对饮得趣，说的是知己对坐，可以品评茶道，可以促膝读心，也可以纵论世道人心；众饮得慧，符合传统的娱乐观念——独乐乐不如众乐乐。三五知己，八九同行，相聚在茶馆茶厅，在浓浓的茶香滋润下，在袅袅乐曲的销魂中，收获的一定是友谊、知识、启迪和智慧。

其次，关于人品。人品主要说的是对茶侣的选择与要求。唐代以前，人们认为喝茶的人就是品行高洁的人，于是众多名士在多种场合用茶来招待朋友及下属，对茶侣的要求不是很高。后来，人们认为茶侣应该是学问上的知己。陆羽说："茶之为用，味至寒，为饮最宜精行俭德之人。"强调的是品位上的相近。茶艺与其他艺术一样，要遇到知音，至少也要遇到懂得欣赏的人，才能体现出他的魅力。

最后，是品茶人的心境。一个人在心情好的时候，对周围的事、物、人也都会有个比较好的印象，心情不好的时候，同样的事物却会产生相反的印象。要享受一杯茶，需要有相对平和的心情，过分的高兴、悲伤、愤怒，都不是品茶的心境。

打造温馨的居家茶室

茶是生活中的必需品，在生活节奏如此之快的今天，我们承受的压力也越来越大，一天的工作下来，细细地品一杯茶，是精神生活的一种享受。只是，在很多人看来，经常去茶馆喝茶是件奢侈的事情，而且也不可能天天去茶馆，在家品茶就成了一件既实在又方便的事情。

要想在家品茶，首先要做的就是打造一个温馨的居家茶室，遵循安静、清新、舒适、干净的原则，让自己静心凝神，放松身心，才能真正品味到茶的意境。

- 在客厅的一角采用格子门或者屏风开辟出一个小空间，配上可以搬移的小桌，既通风、透光，又美观、方便。
- 在阳台上留出一定的空间，摆放上桌椅或榻榻米。如果阳台很晒，可选择隔热、半遮光的窗帘，或栽种适量绿色植物，打造阴凉舒适的饮茶环境。
- 古茶和书籍有着密不可分的关系，在书房中更能体现饮茶的意境。因此，书房也可以作为在家品茶的场所，简单明了，有一个茶桌即可。
- 在卧室飘窗饮茶，更加私密、休闲，而且能同时欣赏窗外的风景，适合日常放松、小憩。
- 如果家中有庭院，不妨将其打造成一个天然的饮茶区，在庭院中种植一些花草，摆上茶几、椅子，和大自然融为一体，饮茶意境立刻就显现出来了。

家是心灵的寄托，选择一处舒适的环境，营造一个温馨的氛围，捧上一杯清茶，放下心中的羁绊，让压力随茶香排解，如果你愿意，还可以随手翻上几页喜欢的书，或者配上舒缓的轻音乐，不知不觉中心情都变好了，此时再低头小啜一口茶，你就会发现，原来，茶也是如此的有味道。

茶艺音乐配好茶

讲究的品茶者，定会配上合适的茶艺音乐。合适的音乐可以陶冶人的情操，增加美的效果，给人以舒适的感受，进而提升茶艺的内涵。不过，不同的茶艺宜搭配不同的音乐。

绿茶茶艺音乐

在我国众多茶中，绿茶生产历史最久，花色品种最多，造型千姿百态，清汤绿叶，十分诱人。绿茶最大限度地表现了宁静致远的民族性格，绿茶的品质及其品饮氛围具有“顺应自然、贴近自然”的特征。若把绿茶比喻成佳人的话，她就像是清丽脱俗、清纯可爱、风韵天成的春妆处子。

品饮绿茶时，宜选取一些笛子、古筝或江南丝竹音乐作为配乐，如品饮“色绿、香郁、味醇、形美”的西湖龙井时，可搭配古筝曲《平湖秋月》，“从来佳茗似佳人”的美好感觉就在这优美的古筝曲中映现；品饮碧螺春时可选择笛子名曲《姑苏行》，此曲悠长的音色，给人一种悠而不染、清新脱俗的感觉，用来表现绿茶的清纯无染最合适不过了。

红茶茶艺音乐

红茶茶性温和、滋味醇厚、具有极好的兼容性。它的品饮氛围具有温馨、亲和的特征，由于英国下午茶的盛行，红茶茶具的选择和环境的营造带有一定的西洋风格。

红茶茶艺选择配乐时，可考虑钢琴、萨克斯、小提琴等乐器演奏的抒情音乐，能使人心神宁静，进入品茶的意境。另外，近现代的一些用人声演唱的抒情音乐，如《蓝色多瑙河》《春之声》《天鹅湖》等也可以选择。

黑茶茶艺音乐

黑茶总体特点是原料相对成熟，且“越陈越香”，配以雄浑有力或者线条明朗的音乐，才能体现出茶的气魄与底蕴，如古琴《良宵引》，清风入弦，绝去尘嚣，琴声幽幽，令人神往，与黑茶的古朴厚重意趣十分融合。另外，若用以表达边疆少数同胞的品饮风情，则可结合民族特点，选用民族音乐。

青茶茶艺音乐

青茶是六大茶类中加工工艺最复杂，茶叶风味最独特，香气滋味变化最丰富的一种茶。品饮乌龙茶时的背景音乐应该选择比较著名并且耳熟能详的古曲，如《春江花月夜》《空山鸟语》等。这些曲子曲调优美、平缓，当音乐响起时，一边享受音乐一边品味茶中无可言喻的悠久韵味，使茶叶随着音乐的起伏在人心中更深更远，更沉更香。

花茶茶艺音乐

喝花茶时，一般习惯配古筝乐曲，这类乐曲总体感觉有一定的流动性，能很好地体现花茶的茶之韵和花之香。例如，在品饮茉莉花茶时，可以选用古筝曲《茉莉芬芳》。此外，花茶茶艺配乐也可以适当考虑扬琴、柳琴等其他弹拨类乐器演奏的音乐。

书画衬托品茶环境

我国自古就有“坐卧高堂，穷尽泉壑”之说，在茶室中悬挂的书画是茶艺风格和主题的集中表现，也是茶席布置的重要内容，能够起到画龙点睛的作用。

○ 茶室书画的常见类型

从内容上看，茶室书画分为字与画两大类。从其装裱和尺寸看，可分为中堂、斗方、条幅、扇面、对联、横幅等。其中，比较常见的是中堂画与对联。

- 中堂画通常挂于茶室主墙面，正对着门的地方，是整个房间的视觉中心。中堂画的素材包含人物、神像、山水、花鸟、风景，风格有年画系列、国画系列、油画系列。
- 对联也称楹联，常挂于大门两边的壁柱上或主墙面挂轴的两边。楹联平仄严谨、言简意赅、内容丰富、寓意深刻，用来表明主人的志趣，彰显茶室的风格或茶艺的主题。

○ 茶室书画的内容

茶室所挂的字画可分为两大类，一类是相对稳定，长久张挂的，这类书画的内容主要根据茶室的名称、风格及主人的兴趣爱好而定。例如，儒士风格的茶室，可命名为“读月斋”，主墙面挂轴“品茗日久香透骨，读月到老人如诗。开口便劝吃茶去！不怕世人笑我痴”。再配上一幅与月有关的对联，如“依窗闲坐待明月，围炉烹茶酬知音”或“闲心闲情闲读月，品茶品酒品人生”。茶室中的书画若能用主人自己的作品那就再好不过了。茶室主人可能未必精通书画，但随心抒怀，直达胸臆，信手挥毫，把自己的志趣喜好坦然展示出来，这样更加符合中国茶道的精神。茶室中的挂画，还有一类是为了突出茶艺主题而专门张挂的，所以要根据茶艺的需要而不断变换。

在茶室挂画后，还可精选一两件艺术品作为陪衬，如奇石、盆景、古玩、乐器等，这样可以增添品茗的趣味，但是切忌配得太繁杂。“为饮最宜精行俭德之人”，品茶环境的营造以俭为贵，这样才能搭配茶“俭”的自然属性。

○ 茶室书画的悬挂要求

茶室挂画要求主次搭配、色彩照应、内容和形式相协调，对文学修养和美学修养有一定的要求。

- 位置的选择。主题书画的位置宜选在一进门时目光的第一个落点或主墙面，也可选在泡茶台的前上方，主宾座席的正上方等明显之处。
- 注意采光。在向阳居室的绘画作品宜张挂在与窗户成直角的墙壁上。如果自然采光的效果不理想，应配置灯具补光。
- 悬挂的高度。为了便于欣赏，画面中心以离地2米为宜，字体小或工笔画可适当低一些。若是画框，宜与背后墙面成15～30度角。
- 字画的色彩。字画的色彩要与室内的装修和陈设相协调。主题字画与陪衬点缀的字画，无论是内容还是装裱形式都要求能相得益彰。
- 注意简素美。茶室张挂的字画应重点突出，画面的内容也要尽可能精炼简素。如果茶室不算大，一幅精心挑选的主题字画，再配一两幅陪衬就足够了。

拥有良好品茶心境

如果说喝茶是一种心情，那么品茶就是一种心境。品饮着手中的香茗，看茶叶在茶杯中沉浮，茶香缕缕，沉浸在这真我时刻。你会发现，在充满物欲的红尘中，需要一份人淡如茶的情怀。

茶与修养

我们常说“品茶”，其实，之所以用到“品”字，意思就是要我们花时间，花精力，静下心来，慢慢地品味和琢磨，只有这样，才能感受到茶韵之美，以及香茗带给我们内心的真实感受。也正是因为茶是有品德、有修养的事物，才能够让它有这个能力吸引人们花时间细细品味，同时给人不可替代的感觉。

○ 茶可以滋养我们的身体

一方面，我们可以通过喝茶来调理身体，祛除病气；另一方面，喝茶能养心气，在一泡一品之间，消除心中积聚的郁气，让心胸豁然开朗；再者，喝茶者可以通过茶表达礼仪。淡雅的茶代表着一种别样的情怀，在敬茶与喝茶之间，抒发真实的情感，表达敬意。

○ 茶能够提高人的思想境界

茶自古就带有“清廉”的头衔，它不同于其他事物，不仅可以在味觉上给人以享受，更可以在精神方面给人满足。从古至今，人们大都在饮茶的时候悟出人生的真谛，在品茶之间，让自己的思想升华。

○ 茶是整个社会文化与精神发展的一部分

茶文化对中国整个文化的发展做出的贡献是巨大而不可磨灭的。不论是古代的“敬茶”，还是当代的“以茶代酒”，都是茶本身品德的体现。

可见，茶是有品德和修养的，它在平淡之中滋养着受用者，在清雅之中传承着中国的文化，在馈赠之间传递着一种情怀。

品茶平心，放宽心境

在茶境中，心境是最重要的。我国古人刘贞亮曾在《茶十德》中这样写：“以茶可雅心，以茶可行道。”短短十个字，就道出了品茶的精髓——只有平心，将自己的心境放宽，才能雅心，行道。也就是说，品茶时，需放宽心境，平心静气，方能得出茶之真味。

○ 以茶静心

中国人很早就发现茶有静心宁神的作用，这主要是在茶艺的氛围中，宁静的气氛可以给人以心理上的安抚。

○ 心静茶香

古语有云：“非宁静无以致远，非淡泊无以明志。”平心品一盏茶，茶香留齿，放宽心境，无关纷扰，在人淡如茶的心境下，方能品味出茶中蕴藏的宁静与淡泊。

心静有两层意思，一是情绪平静，一是保持平常心。情绪的平静往往来自于事业和生活的顺利；平常心是茶艺中最重要的，有平常心才能真正做到心静，才能真正品出茶与茶艺的滋味。而如何能获得真正的静心呢？静心由修炼得来。对于品茶者来说，这种修炼首先是茶艺上的亲自劳作；其次，读书与艺术也是静心方法。

茶的味道很丰富，有苦、涩、甘、酸、辛；水的味道很清淡，但也有甘、寒、淡的区别，煮出来的水与未沸的水不同，煮老的水与煮嫩的水不同，这些味道需要静下心来才能品得出来。因此，同样的一盏茶，不同的人品饮，味道是不一样的。

心态乐观，悠然品茶

品茶是一种悠然自得的生活方式，品饮之中，乐观的心态尤为重要。

闲暇时分，持一份乐观的心态，准备好茶具，在透亮的玻璃杯中放上一小撮茶叶，注上烧开的热水，在茶香氤氲的气息中，从观察茶的姿态，到细闻茶的清香，再来品味茶的味道，看到茶叶在水中舒展，小品一口，温润入喉，丝丝暖意传遍全身。这一刻，心灵获得前所未有的宁静，疲惫感消失殆尽，是一种多么令人羡慕的生活姿态！

人生如茶，茶如人生

在道家的哲学理论中，把人一生的艰辛经历过程浓缩于一壶茶水中。品茶人都知道：头道水、二道茶、三道水最精华、四道清甜韵味暇。

- 刚沏泡的头道茶水往往较为浑浊，应该摒弃泡沫，冲洗茶具，才能让后续的茶汤清澈见底，韵味有神！因此，常用来形容少年期的涉世茫然。
- 把人生青壮年时期比作二道茶，是因为二道茶才开始饮用，而二道茶水含茶碱和茶多酚最多，同时还并夹有或多或少的其他杂味，所以喝起来带有较浓的青涩苦味，这苦味正如青壮年的打拼艰辛期。
- 品茶时的第三道茶水，才是真正的茶叶好坏的韵味体现，这道茶汤最醇，最甘甜，是最有韵味的，所以用这道茶来形容人生中年后的成果收获期十分恰当。
- 茶叶冲泡到第四道茶汤时，茶水清淡韵暇，会让人回味留恋前一道的神韵清爽。因此，用第四道的茶水来形容人生步入老年时期的生活清淡、闲适，也正因为这样，所以老年人常会跟人分享青壮年时期的打拼经历和收获成果的喜悦！

人生如茶，头苦，二甜，三回味。茶如人生，茶叶有沉浮之态，品茶人有拿起和放下之分。沉时坦然，浮时淡然。满也好，少也好；浓也好，淡也好；急也好，缓也好；暖也好，冷也好，相视一笑，自有味道。放慢时间，慢品茶的滋味，享受生活的美好，在品饮间，感悟人生的真谛吧！

第五章

对症饮茶来养生

茶是可口的饮品，
也是治病的良药，
茶一开始就是作为药物被发现和利用，
历经几千年的发展、积淀，
依然不改养生保健、防病治病的“初心”。

茶是饮品 也是良药

茶既是饮品，也是良药。茶并非一开始就作为饮品出现在人们的生活中，它的利用是从药用开始的，人们在长期的食用过程中逐渐发现了茶树叶片有解渴、提神的作用，继而发展为食用和饮用。

茶叶中的营养成分

茶叶中的营养成分种类非常丰富，包括维生素、蛋白质、氨基酸、糖类、矿物质，以及咖啡碱、可可碱等生物碱，类黄酮化合物茶多酚等。这些成分对人体健康有着重要的意义。

○ 茶多酚

茶多酚是茶叶里面十分重要的一类成分，主要由儿茶素类、黄酮类、黄酮醇类，花青素类、花白素类、酚酸和缩酚酸类组成，其中又以儿茶素类化合物含量最高、生物活性最好，它是茶叶发挥药理保健作用的主要活性成分。

○ 茶氨酸

茶叶中的氨基酸种类丰富，包含人体必需的8种氨基酸，以茶氨酸的含量最高，茶氨酸是茶叶中特有的氨基酸，也是形成茶汤鲜爽度的重要成分，能让茶汤具备生津润甜的口感。

○ 生物碱

茶叶中的生物碱主要包括咖啡碱、可可碱和茶碱。其中，咖啡碱的含量最高，约占茶叶干物质总量的2%～5%，其他两种含量极低。

○ 维生素

茶叶中含有丰富的维生素，分水溶性和脂溶性两类。所含有的水溶性维生素主要为维生素C和B族维生素。

○ 矿物质

茶叶中含有多种矿物质，如磷、钾、钙、镁、硫等，还有许多微量元素，如铁、锌、硒、铜、碘等，这些矿物质都对人体的生理机能有着重要作用。

茶的养生保健功效

茶不仅能生津解渴，还能使人放松身心，具有十分显著的养生保健功效。据史料记载，茶作药用古已有之，近代也有研究证明，茶对许多慢性疾病均有良好的防治作用。接下来我们将就茶的保健功效进行具体的介绍。

○ 降脂减肥

茶叶中的茶多酚能抑制胆固醇的合成；茶多糖能提升血液中高密度脂蛋白的含量，加强胆固醇的排泄；咖啡碱能使血管平滑肌松弛，增大血管有效直径，促进脂肪的分解，提升胃酸和消化液的分泌量；茶叶中的叶绿素能抑制胃肠道对胆固醇的消化和吸收，使胆固醇的含量降低。这些因素共同作用使茶叶起着降脂减肥的作用。

○ 预防心血管疾病

茶具有降脂作用，对动脉硬化与冠心病有良好的防治效果。茶中的茶多酚和维生素C能活血化淤，增强微血管的韧性，防止动脉硬化，降低高血压和冠心病的发病率。曾有研究显示，青茶能有效降低总胆固醇及血液黏度。

○ 降低血糖

临床实验证明，茶叶特别是绿茶有明显的降血糖作用，茶叶中的维生素C、维生素B_1能促进糖分的代谢，同时茶多酚可以调节空腹血糖和餐后血糖的浓度。糖尿病患者常饮绿茶，能有效控制病情。

○ 延缓衰老

现代医学研究表明，体内自由基过多是导致老化的重要原因。茶叶中富含的茶多酚、维生素C是天然的抗氧化剂，可以帮助清除人体内过多的自由基，并且阻断自由基的传递，延缓内脏器官的衰老。

○ 防癌抗癌

饮茶可以起到防癌抗癌的功效，这是由于茶多酚及其氧化产物具有吸收放射性物质锶90和钴60毒害的能力；茶叶含锰、硒等微量元素，而锰可以防癌、抗癌；另外，茶叶对亚硝胺致癌具有对抗性作用，可降低亚硝胺的合成。

○ 提神醒脑

茶叶中的咖啡碱能兴奋人体的中枢神经，增强大脑皮层的兴奋程度，促进新陈代谢和血液循环，增强心脏动力，从而起到减少疲倦、提神益思的作用。

○ 保护牙齿

茶中含有微量元素氟，可以坚固牙齿；而且茶是一种碱性物质，能减少钙质的流失，使口腔酸碱中和；茶多酚类及其复合物质可以杀死细菌，改善牙龈炎，而茶的苦涩成分儿茶素则具有消除口臭的功效。

顺时饮茶喝出四季健康

顺时饮茶，意思就是说不同的时间喝的茶也应有所不同。一年四季的特点各不相同，我们的身体会随着季节而发生变化，所以，喝茶也要根据季节来选择，以更好地调节身体机能。

春季提神祛火茶

春为四时之首，万象更新之始，人体也和大自然一样生机勃勃。春季养生应顺应春天充满活力的季节特点，促进人体阳气生发，消除“春燥”，为一年的健康打好基础。

饮茶小叮咛

春季宜喝花茶。花茶中的芳香物质能起到提神醒脑的作用，令人精神振奋，消除春困。而且花茶性质温和，可以散发漫长冬季积郁于人体之内的寒气，促进人体阳气生发。

推荐茶饮

茉莉花香茶

材料

茉莉花15克

做法

1. 将茉莉花洗净杂质，待用。
2. 养生壶中加入0.4升清水，放入茉莉花。
3. 盖上盖，按“开关”键通电，再按“功能”键，选定“泡茶”功能，开始煮茶。
4. 期间功能加热8分钟，功能加强2分钟，共煮10分钟，至材料析出有效成分。
5. 待茶水煮好，断电后倒入杯中即可。

夏季消暑除烦茶

夏季天气炎热，再加上降雨多、湿气重，常使人觉得又湿又闷，就像在蒸笼里一样。身体不舒服、体力消耗大，心情也会跟着变差，所以夏季养生重在祛暑除湿、清热养心。

饮茶小叮咛

夏季气候炎热，人体大量出汗，津液耗损较多，宜饮性味寒凉的绿茶。夏季每天坚持喝1～2杯绿茶，可以起到消暑、除热、解毒、强心等作用。绿茶的品种繁多，像西湖龙井、洞庭碧螺春、黄山毛峰等都是夏季清热消暑的佳品。

夏季饮绿茶，可以根据需要添加一些其他材料。比如加入金银花、菊花、薄荷，更能增加清凉消暑的作用；心情烦闷时，可以加莲子心、酸枣仁，以除烦解闷。

推荐茶饮

薄荷绿茶

|材料|

绿茶包1袋，薄荷叶少许，蜂蜜适量

|做法|

1. 往茶壶中放入绿茶包、薄荷叶。
2. 注入适量开水，至八九分满。
3. 倒入适量蜂蜜，搅拌匀，至其溶化。
4. 盖上盖，浸泡一小会儿。
5. 将茶壶中的薄荷绿茶倒入杯中即可。

秋季润燥清肺茶

秋季天高气爽，但也天气干燥，容易出现干咳、咽喉肿痛等症状，也就是中医常说的“秋燥”。气燥伤肺，燥则润之，因而，秋季尤其要注意滋阴、润燥、养肺。

饮茶小叮咛

秋季是寒暑交替的季节，气温由热转凉，气候干燥，人体津液尚未完全恢复平衡，容易阴虚燥热。青茶性质不寒不热，有润燥生津、清除体内积热的作用，很适合秋季饮用。但如果是体质偏热、阴虚火旺的人群则不适合过度饮用。秋季燥邪当令，容易侵及肺脏，导致咳嗽的出现，可以喝点桑菊茶、甘草茶，有清肺润燥的作用。另外，秋季草枯叶黄、气温骤降，容易使人情绪低落，可适当饮花茶解郁安神。

推荐茶饮

桑菊杏仁茶

|材料|

菊花10克，桑叶6克，杏仁25克，冰糖少许

|做法|

1. 砂锅中注入适量清水烧热。
2. 倒入备好的菊花、桑叶、杏仁。
3. 盖上盖，烧开后用小火煮约20分钟。
4. 揭开盖，搅拌均匀。
5. 关火后盛出茶汁，滤入茶杯中。
6. 放入少许冰糖，搅拌均匀至冰糖溶化。
7. 待稍微放凉后即可饮用。

冬季驱寒防病茶

冬季寒气逼人，草木凋零，蛰虫休眠，万物活动趋向休止。驱寒暖身，避免阳气大量丧失，是顺应冬季、养护人体闭藏机能的养生之道。

饮茶小叮咛

冬季气候转冷，阴气较盛，耗损阳气。适宜喝些味甘性温的红茶、普洱茶，有助于养阳气、暖胃、祛寒，帮助补益身体，增强机体的抗病能力。此外，还可以适量饮用姜茶，生姜性温味辛，具有解表散寒、温肺止咳的功效，加入杏仁、桃仁，还能预防冬季感冒咳嗽。冬季人体需要聚集热量，往往大量进补，容易产生肝火，加上人体血管遇寒收缩，易导致血压升高，可以适量喝点清肝降压的茶饮，如山菊茶。

推荐茶饮

果酱红茶

|材料|

红茶包1袋，自制果酱适量

|做法|

1. 将红茶包放入茶壶中。
2. 往茶壶中注入适量开水。
3. 盖上壶盖，浸泡约5分钟。
4. 将壶中红茶倒入茶杯中。
5. 舀出适量自制果酱，加入红茶中。
6. 搅拌均匀即可。

对症饮茶调节体质平衡

中医把人的体质划分成九大类，除了较稳定、健康的平和体质外，还有气虚、阴虚、阳虚、湿热、痰湿、血瘀、气郁、特禀八种体质。不同体质的人，脏腑功能和机体表现会有所不同，适合的茶饮也有区别。

平和体质

平和体质的人一般体型匀称，面色、肤色润泽，精力充沛，耐受寒热，睡眠安和，胃口良好，二便正常；性格随和开朗，环境适应能力强，很少患病，即使患病也容易痊愈。

饮茶小叮咛

平和体质的人一般茶都能喝，只需要顺应天时，如春季饮用养肝提神的花茶，夏季饮用消暑养心的绿茶，秋季饮用润燥养肺的乌龙茶，冬季饮用驱寒暖身的红茶、黑茶等。

推荐茶饮

芦荟红茶

|材料|

芦荟80克，菊花10克，红茶包1袋，蜂蜜少许

|做法|

1. 洗净的芦荟取果肉，切小块。
2. 锅置火上，放入芦荟肉和菊花，注入适量清水。
3. 用大火煮约3分钟，至散出菊花香。
4. 关火后盛出菊花茶，装入杯中。
5. 再放入红茶包，浸泡一会儿。
6. 加入少许蜂蜜，拌匀即可。

气虚体质

气虚体质的人一个典型特点就是面色、唇色苍白，体力和精力都明显感到缺乏，容易疲劳；而且对环境适应能力差，遇到天气变化、季节转换很容易感冒。五脏的功能离不开气和血的推动，否则相应的生理功能会下降。像脾气虚主要表现为胃口不好，经常腹胀，大便困难；肝气虚表现为经常头晕目眩，视物昏花，面色萎黄，失眠多梦，疲乏无力等。

饮茶小叮咛

气虚体质的人，不宜饮凉性茶和高咖啡碱的茶，适宜喝普洱熟茶及中度发酵以上的青茶。当然，还有很多具有补血益气功效的中药材也可以拿来泡茶，如黄芪，具有补中益气、升阳固表的功效，有助于改善气虚和贫血。

推荐茶饮

益气养血茶

|材料|

人参片4克，麦冬10克，熟地15克

|做法|

1. 砂锅中注入适量清水烧开。
2. 倒入洗好的人参片、麦冬、熟地。
3. 盖上盖，用小火煮20分钟，至其析出有效成分。
4. 关火后揭开盖。
5. 把煮好的药茶盛入碗中即可。

阴虚体质

阴虚是人体津液不足、阳气相对亢盛的一种状态。阴虚体质的人看上去很健康，精力旺盛，这其实是“虚假繁荣”的阴虚火旺状态。这类体质的人内热，冬天不怕冷，不耐暑热，易口燥咽干，手脚心发热，眼睛干热，容易出现便秘。

饮茶小叮咛

阴虚体质的人适宜品饮绿茶、黄茶、白茶以及轻发酵的乌龙茶，可以搭配枸杞，有助于缓解内热；重发酵的乌龙茶要少喝。平常也可以饮用一些有养阴清热功效的养生茶饮，如菊花茶、决明子茶、桑葚茶等，有助于补足身体的津液，使阴阳平衡，并将体内多余的“火”降下来。尤其是桑葚，它是养阴清热的良药，阴虚体质的人经常饮用，有助于改善体质。

推荐茶饮

桑葚蜜茶

|材料|

桑葚、蜂蜜各20克

|做法|

1. 砂锅中注入适量清水烧开，放入桑葚。
2. 盖上盖，用小火煮约20分钟。
3. 揭盖，将茶水倒入茶杯中。
4. 晾温后倒加入蜂蜜调饮即可。

阳虚体质

阳虚体质是与阴虚体质相反的体质类型。阳虚是指阳气不足，其典型表现就是怕冷，尤其是四肢、背部及腹部特别怕冷，一到冬天就手脚冰凉，睡都睡不热。阳虚体质的人还经常腹泻，而且大便不成形，一吃凉的食物肠胃就不舒服。

饮茶小叮咛

补益肾阳、温暖脾阳作用的茶饮最适合阳虚体质的人饮用。阳虚体质的人可以多喝红茶、黑茶及重发酵的乌龙茶。性质寒凉的茶材易伤阳气，阳虚体质的人饮用过量会使身体更虚弱。所以，不宜饮用绿茶，黄茶、苦丁茶也要少喝。另外，性质温热，具有补益肾阳、温暖脾阳作用的养生茶饮也适合阳虚体质的人饮用，如核桃红枣茶、人参麦冬茶等。

推荐茶饮

人参麦冬茶

|材料|

人参60克，麦冬20克

|做法|

1. 备好的人参切片，待用。
2. 蒸汽萃取壶接通电源，往内胆中注入适量清水至水位线。
3. 放上漏斗，倒入人参片、麦冬。
4. 扣紧壶盖，按下“开关”键。
5. 选择“萃取”功能，机器进入工作状态。
6. 待机器自行运作5分钟，指示灯跳至“保温”状态。
7. 断电后取出漏斗，将药茶倒入杯中即可。

湿热体质

湿热体质的人体内热与湿同时存在，湿属阴，热属阳，二者融合在一起免不了要“打架”，造成脏腑功能失调。湿热体质的人面部和头发总是油光发亮，脸上痘痘不断，经常会有口臭、口干等症状。

饮茶小叮咛

湿热体质的人适合喝清淡点的茶类，如绿茶、黄茶、白茶、轻发酵的青茶等，可以搭配枸杞、菊花、决明子饮用；少喝红茶、黑茶、重发酵的青茶。另外，日常生活中有很多食材都具有清热祛湿的功效，只要搭配得当，正确使用，就有助于改善湿热体质。比如决明子苦丁茶、薄荷柠檬茶、荷叶薏米茶等。

推荐茶饮

决明子苦丁茶

|材料|

决明子15克，苦丁茶叶少许

|做法|

1. 砂锅中注入适量清水烧开，放入备好的决明子。

2. 盖上盖，用小火煮约20分钟，至其析出有效成分。

3. 揭开盖，用小火保温，备用。

4. 取一个茶杯，放入苦丁茶叶。

5. 盛入砂锅中的药汁，至八九分满。

6. 盖上盖，泡约3分钟。

7. 揭开盖，趁热饮用即可。

血瘀体质

血瘀体质是体内血液运行不畅或内出血不能消散而成瘀血内阻的一种体质，多表现为形体消瘦，皮肤干燥面色晦暗，容易长斑，还常伴有唇色暗淡、眼睛浑浊或有血丝，容易脱发、黑眼圈、长痤疮等。

饮茶小叮咛

血瘀体质的人各种茶都能喝，而且可以浓一些。另外，可以选择具有理气解郁、活血化瘀功效的茶材搭配制成茶饮，如川芎、当归、红花等具有很好的活血功效，枳壳、陈皮等可以调气以化瘀，玫瑰花能美容养颜，使面色变得红润、色斑减少。这些茶材可以搭配制成玫瑰陈皮茶、川芎红花茶等饮用。

推荐茶饮

金银花玫瑰陈皮茶

|材料|

金银花8克，玫瑰花、陈皮各4克，甘草1片

|做法|

1. 往壶中倒入开水，温壶后弃水不用。
2. 将金银花、玫瑰花、陈皮、甘草一起放入壶中。
3. 倒入适量开水，至刚好没过茶材。
4. 轻轻摇晃茶壶，将第一次茶水倒出。
5. 往壶中再次倒入300～500毫升开水。
6. 盖上盖子，闷10分钟后即可饮用。

痰湿体质

痰湿体质是因为痰湿长期停积于体内而形成的，“痰”既包括呼吸道排出的痰液，也包括因水液代谢过程不通畅产生的废物。痰湿体质的人体形肥胖，腹部肥满松软，常有精神不振、面色青白、经常手脚冰凉、皮肤容易出汗，大便次数多、早晨大便急等症状。

饮茶小叮咛

痰浊是津液运化过程中产生的病理产物，痰湿体质的某些表现与痰浊有着密切的关系。脾胃为生痰之源，所以想要去痰浊、改善痰湿体质可以喝一些健脾胃的养生茶，如荷叶山楂茶、山楂薏米茶、丹参红花陈皮茶等，提高脾运化水湿的功能，去除身体的痰浊。另外，痰湿体质的人应多喝浓茶，可以加一些橘皮进去，增加清热化痰的功效。

推荐茶饮

丹参红花陈皮茶

|材料|

陈皮2克，红花、丹参各5克

|做法|

1. 砂锅中注入适量清水。

2. 倒入红花、丹参。

3. 放入陈皮，搅拌均匀。

4. 盖上盖，用大火煮开后转小火煮10分钟至药材析出有效成分。

5. 揭盖，关火后盛出煮好的药茶，装入杯中即可。

气郁体质

人体中的气就像流水一样在经脉中循环流动，如果气流不顺畅，就会形成气郁。气郁体质的典型表现就是多愁善感，感情脆弱，总是心情烦闷、情绪低落，而且平时情绪不稳定， 容易急躁、激动。不仅如此，这种体质的人食欲较差，体形相对消瘦；睡眠质量也不好，一般难入睡、睡眠浅、易惊醒；经常出现胸肋胀痛、头痛、头晕等症状。

饮茶小叮咛

气郁体质的人可以喝一些咖啡因比较低的茶，如安吉白茶，以及一些疏肝理气、调理肝血的茶饮，如玫瑰花茶、佛手茶等。因为肝脏为“将军之官”，因其“疏泄调达”的特性，指挥着全身的气在体内流通，故多喝疏肝理气的茶有助于体内气机畅达，改善气郁体质。

推荐茶饮

玫瑰花茶

|材料|

玫瑰花8克，茉莉花5克，绿茶叶15克

|做法|

1. 取一碗清水，倒入备好的材料，洗净、沥干，待用。

2. 另取一个玻璃杯，倒入洗好的材料。

3. 注入适量开水，至八九分满。

4. 泡约2分钟，至散出茶香，趁热饮用即可。

特禀体质

特禀体质者是一类特殊的人群，他们接触到某些常见的东西（如花粉、柳絮、尘螨等）就会诱发哮喘、鼻炎、疹子等过敏反应。中医认为，过敏是由于脏腑功能紊乱，导致体内邪气聚集、卫气受损，身体免疫力下降而形成的。

饮茶小叮咛

特禀体质的人不仅要避开过敏源，还要益气固表，提高对过敏原的抵抗力。黄芪、防风、白术等中药材具有益气固表、祛风散风的功效，将三者应用于茶饮中， 有助于疏风固表，增强抵抗力，预防或减少过敏。

推荐茶饮

党参白术茶

|材料|

白术、黄芪、党参各15克，红枣20克

|做法|

1. 砂锅中注入适量清水烧开。

2. 放入洗净的白术、黄芪、党参、红枣，搅拌匀。

3. 盖上盖，煮约30分钟至药材析出有效成分。

4. 揭盖，略煮片刻。

5. 关火后盛出煮好的药茶，装入碗中即可。

常见茶方赶走身体病痛

人总有遭遇感冒、头痛、便秘等小毛病的时候，还有的人长期受“三高”的困扰，有针对性地选择茶方，能帮助人们缓解身体不适，赶走病痛。

感冒

感冒是生活中比较常见的疾病，虽不是什么多么严重的病，却给人带来不少烦恼。感冒会引起一系列症状，如流鼻涕、打喷嚏、咳嗽、发热、头疼、浑身乏力等。

饮茶小叮咛

感冒的中医疗法中，茶疗是一种简便可行的方法，例如风寒感冒，可以喝些姜糖茶；风热感冒可用夏枯草、桑叶、菊花搭配，做成夏桑菊茶饮用。

推荐茶饮

姜糖茶

|材料|

生姜45克，红糖15克

|做法|

1. 生姜洗净去皮切成丝，备用。
2. 砂锅中注水烧开，放入姜丝。
3. 调至大火，煮1分30秒。
4. 调至小火，倒入适量红糖。
5. 搅拌均匀，至糖分完全溶解，关火后盛出即可。

咽喉不适

咽部不适感或有刺激感等都是慢性咽炎的表现症状，主要是由咽部分泌物及肥大的淋巴滤泡刺激所致，还可能伴有咳嗽、恶心等症状。

饮茶小叮咛

咽喉不适，口腔内咽部黏膜受损，为了缓解病情，使身体早日康复，可以喝些对症调养的茶饮，如甘草茶。生甘草具有清热解毒、祛痰止咳、缓急止痛的功效，特别适用于痰热咳嗽、咽喉肿痛的咽炎患者。可以直接用甘草片泡水，做药茶饮用，也可以与桔梗一起搭配饮用，或单独饮用桔梗茶，有助于宣肺祛痰、利咽止痛。罗汉果有清肺利咽的作用，如果咽喉不适是由肺热引起的，可泡罗汉果茶饮用。但是罗汉果性凉，体质虚寒的人慎用。

推荐茶饮

甘草茶

材料

甘草10克，冰糖30克

做法

1. 砂锅中注入适量清水烧开。
2. 放入甘草、冰糖，拌匀。
3. 盖上盖，烧开后用小火煮20分钟，至药材析出有效成分。
4. 揭盖，盛出煮好的药茶。
5. 装入碗中，待稍微放凉后即可饮用。

头痛

头痛也是日常生活中常见的不适症状，头痛可因风寒、外感风热或风湿引起。头痛症状轻、病因明确的，可以用对应的茶饮进行调理。

饮茶小叮咛

因吹风受寒而致的头痛往往表现为前额、太阳穴区域疼痛明显，可用川穹、荆芥泡茶饮用，有助于疏风散寒止痛。风热头痛起病急，疼痛剧烈，常伴有发热重、鼻塞、脸红、口干咽燥等症状，可饮用黄芩白芷茶，能清热疏风，另外菊花、薄荷也有很好的疏风解热作用。风湿头痛时，会感觉头部昏昏胀胀的十分沉重，羌活、苍术、陈皮、茯苓、薏苡仁等具有疏风祛湿的作用，可缓解风湿入体所致的头痛，风湿头痛者可适量搭配饮用。

推荐茶饮

菊花白芷茶

|材料|

菊花、白芷各5克

|做法|

1.取一个茶杯，倒入备好的白芷、菊花。

2.茶杯中加入开水。

3.盖上盖，泡约10分钟，至药材析出有效成分。

4.揭盖，放凉后即可饮用。

消化不良

消化不良是由胃动力障碍引起的疾病，不良的饮食习惯、胃肠道疾病、消化系统功能减弱等，也能引起消化不良。消化不良主要症状表现为腹痛、腹胀等。

饮茶小叮咛

一般的茶叶都具有促消化的功效，因为茶叶中的咖啡因能提升胃酸和消化液的分泌量，可以促进人体消化。因此，消化不良人群可以适当多喝点茶。此外，还有一些食材、中药材都有健脾胃、消食积的作用，也可以用来做药茶饮用，能促进消化、调养脾胃。像山楂就具有很好的开胃消食的功效；大麦能起到温胃的作用，促进消化系统运行；枳实适用于脾虚导致的食积、腹胀等症。消化不良的人可以对症喝一些山楂茶、大麦茶、陈皮枳实茶等。

推荐茶饮

益胃茶

材料

枳实25克，蒲公英20克，党参30克

做法

1. 取萃取壶，往内胆中注入清水至最高水位线。放入漏斗。

2. 倒入洗净的党参，放入洗净的蒲公英、枳实。

3. 扣紧壶盖，按下“开关”键，选择“萃取”功能，煮约5分钟。待指示灯跳至“保温”状态。

4. 拧开壶盖，取出漏斗，将煮好的药膳茶倒入杯中即可。

便秘

便秘是指排便次数减少，同时排便困难、粪便干结。便秘是老年人的常见症状，一些饮食不节，常吃辛辣、刺激、油腻食物的年轻人也受此困扰。

饮茶小叮咛

在改善便秘的众多方法中，茶疗是一个很好的选择。便秘的人适合多喝普洱茶，普洱茶可以分解停留在肠道的脂肪物质，润滑肠道，改善肠道环境，有助于改善便秘。除此之外，便秘人群还可以喝一些具有润肠通便功效的养生茶。比如决明子，具有润肠通便、降脂瘦身等功效。将决明子微炒后，每日用开水泡茶饮用对改善便秘很有帮助。火麻仁中所含的脂肪油可润燥滑肠、排毒，煮饮可辅助治疗便秘。

推荐茶饮

火麻仁茶

|材料|

火麻仁10克，白糖8克

|做法|

1. 烧热炒锅，倒入火麻仁，翻炒至其呈焦黄色后盛出。

2. 取榨汁机，选择干磨刀座组合，将火麻仁磨成粉。

3. 砂锅中注水烧开，倒入火麻仁粉。加盖，小火煮5分钟。

4. 揭开盖子，放入适量白糖拌匀。

5. 关火后把煮好的火麻仁茶盛入杯中即可。

高血压

高血压是常见的心血管疾病之一，早期通常表现为头痛、头晕、心悸、眼花、手脚麻木、疲乏无力等症状，后期血压常持续在较高水平，会出现心、肾器官受损或其他并发症。

饮茶小叮咛

要想有效防治高血压，除了经常检测血压、进行锻炼外，还可以借助茶疗。茶叶中含有的茶多酚具有增强血管弹性的作用，能降低血液中胆固醇水平，从而达到预防及治疗心血管疾病的目的，因此高血压患者可适当饮茶。从中医角度来看，高血压多是因人体“肝阳上亢”导致阴阳平衡失调的结果，对于肝阳上亢引起的高血压，可以喝一些具有养肝阴、平肝火功效的花草茶和药用保健茶，如枸杞菊花茶、决明子茶、槐花茶等。

推荐茶饮

蜂蜜柠檬菊花茶

材料

柠檬70克，菊花8克，蜂蜜12克

做法

1. 将洗净的柠檬切成片，备用。
2. 砂锅中注入适量清水，用大火烧开。倒入洗净的菊花、柠檬片，搅拌匀。
3. 盖上盖，煮沸后用小火煮约4分钟。揭盖，搅拌一会儿。
4. 关火后盛出煮好的茶水，装入碗中。淋入少许蜂蜜即可。

糖尿病

糖尿病是以持续高血糖为其基本生化特征的一种慢性全身代谢性疾病。它的主要症状特点是“三多一少”，即多饮、多尿、多食和体重减少。

饮茶小叮咛

糖尿病除了注意饮食、运动，进行药物治疗外，还可以通过茶疗改善。茶叶中含有多酚类物质，能够刺激胰岛素的分泌，减缓肠内糖类的吸收，抑制餐后血糖值的快速上升，辅助控制血糖水平，从而帮助糖尿病患者保持血糖稳定。糖尿病人群可以根据自己的口感喜好适当喝一些茶。其中，桑叶茶中的特有成分，能抑制血糖上升，餐前饮用，降糖效果非常好；菟丝子含有多种营养物质，可增强新陈代谢，对糖尿病有辅助治疗的作用。

推荐茶饮

菟丝子五味子茶

|材料|

菟丝子、五味子各5克

|做法|

1. 砂锅中注入适量清水烧开，倒入准备好的药材。

2. 盖上盖，用小火煮20分钟，至其析出有效成分。

3. 揭盖，搅动片刻。

4. 把煮好的药茶盛出，倒入杯中即可。

高血脂

肝脏代谢功能紊乱，脂质代谢便会受损，如果继续进食高脂食物，将导致血脂浓度持续增高，形成高血脂。高血脂是引起动脉硬化、冠心病等病变的祸源，对人体危害很大。

饮茶小叮咛

不管是对于血脂正常的人还是血脂高的人来说，平时多喝绿茶、普洱茶、青茶等都是不错的，因为这些茶类中的茶多酚和维生素C有助于调节血液中的胆固醇及脂肪浓度，茶叶中的叶绿素能抑制人体对胆固醇的消化吸收，对于高血脂有良好的预防和改善作用。另外可以有针对性地喝点具有降脂功效的花草茶和药茶。比如山楂具有很好的降脂活血功效，每天晚饭后搭配健脾的陈皮泡茶饮用，对降低血脂很有帮助。

推荐茶饮

陈皮乌龙茶

材料

陈皮5克，乌龙茶叶6克，乌梅25克，冰糖适量

做法

1. 取一个茶杯，放入备好的陈皮、乌龙茶叶、乌梅。
2. 注入适量开水，冲洗一次，倒出汁水。
3. 在茶杯中再次注入开水，至八九分满。
4. 盖上杯盖，闷约1分钟；揭开盖，加入适量冰糖。
5. 再盖上杯盖，闷约6分钟。
6. 揭开盖，趁热饮用即可。